高等职业教育"十二五"规划教材

计算机应用基础
考点与试题解析

（第二版）

主　编　汤发俊　周　威
副主编　赵艳平　蔡岚岚　江　文
参　编　李　昉　李桂春　王　艳

科学出版社
北　京

内 容 简 介

本书共分两篇，技能篇（项目1~项目4）主要介绍 Windows 7 基本操作，以及 Office 常用软件所涉及的技能考点与分析、真题训练与解析；知识篇（项目5~项目12）主要介绍计算机信息处理技术基础知识中所涉及的知识考点与分析、真题训练与解析。本书配套开发的计算机应用基础课程网站（http://elearning.wxic.edu.cn/moodle/）提供相关全部网络教学资源，并提供含有历年试题和解析的在线训模平台，以配合计算机等级考试应试需要。

本书可作为高职院校计算机基础公共课程的教学用书，也可作为各类计算机培训辅导教材，以及社会应试人员的自学参考用书。

图书在版编目（CIP）数据

计算机应用基础考点与试题解析/汤发俊，周威主编. —2 版. —北京：科学出版社，2015

（高等职业教育"十二五"规划教材）

ISBN 978-7-03-044199-7

Ⅰ.①计… Ⅱ.①汤… ②周… Ⅲ.①电子计算机-高等职业教育-教学参考资料 Ⅳ.①TP3

中国版本图书馆 CIP 数据核字（2015）第 090653 号

责任编辑：王君博 袁星星 / 责任校对：刘玉靖
责任印制：吕春珉 / 封面设计：东方人华平面设计部

科学出版社 出版
北京东黄城根北街 16 号
邮政编码：100717
http://www.sciencep.com

北京鑫丰华彩印有限公司印刷
科学出版社发行 各地新华书店经销

*

2012 年 8 月第 一 版 开本：787×1092 1/16
2015 年 1 月第 二 版 印张：13 3/4
2017 年 1 月第十次印刷 字数：326 000

定价：23.00 元
（如有印装质量问题，我社负责调换〈鑫丰华〉）

销售部电话 010-62142126 编辑部电话 010-62135517-2038

第二版前言

全国计算机等级考试大纲、江苏省计算机等级考试大纲相继于 2013 年、2014 年分别进行了调整和优化，为更好地满足计算机等级考试应试需要，编者在编写《计算机应用基础（第二版）》的基础上，组织计算机等级考试相关课程的骨干授课教师编写了本书。

本书紧扣最新的全国计算机等级一级、二级考试大纲和江苏省高校计算机等级一级考试大纲，在仔细研究大纲所列所有技能点和知识点，并归纳分析历年试题真题的前提下，按照"考点分析→真题训练→真题解析"的思路统筹全书内容体系，在继承前版教材"训模合一"指导思想的基础上对前版教材的内容体系进行了优化更新和补充完善。

本书共分两篇，技能篇主要介绍 Windows 7 基本操作，以及 Office 常用软件所涉及的技能考点与分析、真题训练与解析，具体包括计算机基础操作、Word 文档制作、Excel 电子表格制作及 PowerPoint 演示文稿制作共 4 个项目；知识篇主要介绍计算机信息处理技术基础知识中所涉及的知识考点与分析、真题训练与解析，具体包括信息技术基础、网络通信基础、计算机硬件基础、计算机软件基础、图形图像技术基础、音视频技术基础、信息系统基础和数据库理论基础共 8 个项目。附录部分为最新的江苏省高校计算机等级考试（一级）考试大纲、全国计算机等级考试（一级 MS Office）考试大纲和全国计算机等级考试（二级 MS Office）考试大纲。

本书由汤发俊、周威担任主编，赵艳平、蔡岚岚、江文担任副主编，李昉、李桂春、王艳也参与了本书的编写工作。无锡商业职业技术学院公共计算机教学部教师为本书的编写提出了许多建设性意见和建议，并得到科学出版社的大力支持，在此一并表示感谢。

本书配套开发的计算机应用基础课程网站（http://elearning.wxic.edu.cn/moodle/）提供相关的全部网络教学资源，并提供含有历年试题和解析的在线训模平台，旨在为教师提供更多教学支持，为读者提供更全面的自学帮助。欢迎各位在使用本书和配套教学资源过程中提出合理化建议（联系邮箱：jswxjsj@163.com），以使本书和配套教学资源更加完善。

由于编者水平有限，书中不足之处在所难免，敬请各位读者批评指正。

编　者
2015 年 1 月

第一版前言

为加强江苏省高等学校非计算机专业计算机基础课程的教学工作，江苏省教育厅（原江苏省教育委员会）决定，1993 年秋季开始在江苏省普通高校实行计算机等级考试制度。计算机等级考试以"重在基础、重在应用"原则为指导，采取统一命题、统一考试的方式，每年 3 月和 10 月各举行一次考试。以 Windows 为平台的一级考试上机进行，要求考生掌握计算机信息处理与应用的基础知识，熟练使用 Word、Excel、PowerPoint、FrontPage 和 Access 等常用软件。

为帮助各位考生学习计算机基础知识、训练计算机基本技能，顺利通过江苏省高等学校计算机等级考试（一级），在深入调研同类院校、细致研究考试大纲及归纳分析历年试题的基础上我们组织编写本书。全书共 3 部分，第 1 部分应试篇，主要介绍江苏省计算机等级考试（一级）有关应试知识，包括考试大纲及大纲解析等内容；第 2 部分技能篇，包括 5 个项目，主要介绍 Word、Excel、PowerPoint、FrontPage 和 Access 等常用软件操作技能中所涉及的技能考点与实例解析、真题训练和真题解析；第 3 部分知识篇，包括 7 个项目，主要介绍信息技术基础、网络通信基础、计算机组成原理、计算机软件、图形图像技术基础、音视频技术基础和数据库知识基础等计算机基础知识中所涉及的知识考点解析、真题训练和真题解析。

总结本书编写过程，其主要特点体现在以下几个方面。

1）以推行"训模合一"教学模式为编写指导思想，以提升大学生信息素养为目标，以江苏省计算机等级考试大纲为基点，在技能点和知识点全覆盖的基础上，融训与模于一体，在真题训练中进行模拟，在模拟考试中提升技能。

2）以构建立体化、开放式教学资源为整体编写思路。为便于更好地学习本书内容，本书编写组同时开发立体化、开放式教学资源库（http://elearning.wxic.edu.cn/ moodle/），该资源库提供含有历年试题及预测试题的学习模式和考试模式两种设计思路的在线学习训模平台。

3）以遵循学生学习训练认知规律为编写体例。严格按照考试大纲要求，将考试所涉及内容分成 12 个项目分别归纳技能点（或知识点），并沿着考点归纳→真题实例→真题训练→真题解析线路逐步展开，由启发式学习到自主性训练，循序渐进。

本书由汤发俊、周威担任主编，赵艳平、王艳、蔡岚岚、江文担任副主编。汤发俊、周威负责全书整体设计和统稿工作，汤发俊、周威、俞立群、何卫东参与本书所有真题解析及解析拓展知识审定工作；赵艳平参与项目 1、项目 9 编写和全书排版工作，李昉参与项目 2、项目 8 编写，王艳参与项目 3、项目 10、项目 11 编写，蔡岚岚参与项目 4、项目 7 编写，周威参与项目 5、项目 12 编写，李桂春参与项目 6 和第 1 部分编写，汤发俊参与项目 8、项目 9 编写，江文参与项目 10、项目 11、项目 12 编写。

本书编写过程中，得到无锡恒烨科技有限公司、无锡睿泰科技有限公司等企业领导和专家的大力支持；无锡商业职业技术学院信息工程学院领导和公共计算机教学部全体教师对本书编写提出许多建设性意见和建议，并得到科学出版社的关心和帮助，在此一并表示诚挚谢意。

由于时间仓促，加之编者水平有限，书中不足之处在所难免，敬请各位专家、教师、读者批评指正。欢迎各位在使用本书和配套教学资源过程中提出合理化建议（联系邮箱：jswxjsj@163.com），以使本书和配套教学资源更加完善。

编　者

2012 年 4 月

目　录

第 1 部分　技　能　篇

第 2 部分　知　识　篇

PART 1

第 1 部分

技 能 篇

项目 1 计算机基础操作

1. 考点解析

技能点 1 文件夹和文件新建

【实例 1】在考生文件夹下 KUB 文件夹中新建名为 BRNG 的文件夹。

【操作解析】

第一步：打开考生文件夹下 KUB 文件夹。

第二步：选择"文件"→"新建"→"文件夹"命令，或右击弹出快捷菜单，选择"新建"→"文件夹"命令，即可生成新的文件夹，此时文件（文件夹）名称处呈现蓝色可编辑状态。编辑名称为题目指定的名称 BRNG。

【实例 2】在考生文件夹下新建一个名为 BOOK.docx 的文件，文件内容为"书籍是人类进步的阶梯"。

【操作解析】

第一步：打开考生文件夹。

第二步：选择"文件"→"新建"→"Microsoft Word 文档"命令，或右击弹出快捷菜单，选择"新建"→"Microsoft Word 文档"命令，即可生成新的文件，此时文件（文件夹）名称处呈现蓝色可编辑状态。编辑名称为题目指定的名称 BOOK. docx。

第三步：双击"BOOK. docx"打开文件，输入"书籍是人类进步的阶梯"，选择"文件"→"保存"命令，或单击"自定义快速访问工具栏"的"保存"按钮保存文件。

技能点 2 快捷方式创建

【实例 3】为考生文件夹下 XIANG 文件夹建立名为 KXIANG 的快捷方式，并存放在考生文件夹下的 POB 文件夹中。

【操作解析】

第一步：选定考生文件夹下的 XIANG 文件夹。

第二步：选择"文件"→"创建快捷方式"命令，或右击弹出快捷菜单，选择"创建快捷方式"命令，即可在同文件夹下生成一个快捷方式文件。

第三步：移动这个文件到考生文件夹 POB 下，并按 F2 键改名为 KXIANG。

【实例 4】为考生文件夹下 REN 文件夹中的 MIN.exe 文件建立名为 KMIN 的快捷方式，并存放在考生文件夹下。

第一步：打开考生文件夹下的 REN 文件夹，选定要生成快捷方式的 MIN. exe 文件。

第二步：选择"文件"→"创建快捷方式"命令，或右击弹出快捷菜单，选择"创建快捷方式"命令，即可在同文件夹下生成一个快捷方式文件。

第三步：移动这个文件到考生文件夹下，并按 F2 键改名为 KMIN 或右击弹出快捷菜单，选择"重命名"命令改名为 KMIN。

技能点 3 文件夹和文件复制

【实例 5】将考生文件夹下 LAY\ZHE 文件夹中的 XIAO. docx 文件复制到考生文件夹下，并命名为 JIN. docx。

【操作解析】

第一步：打开考生文件夹下 LAY\ZHE 文件夹，选定 XIAO.docx 文件。

第二步：选择"编辑"→"复制"命令，或按 Ctrl＋C 组合键。

第三步：打开考生文件夹，选择"编辑"→"粘贴"命令，或按 Ctrl＋V 组合键。

第四步：选定复制来的文件 XIAO.docx，按 F2 键，此时文件（文件夹）名称处呈现蓝色可编辑状态，输入指定的名称 JIN.docx 或右击弹出快捷菜单，选择"重命名"命令改名为 JIN.docx。

技能点 4　文件夹和文件移动

【实例 6】将考生文件夹下 LAY\AUE 文件夹中的 XIA.jpg 文件移动到考生文件夹 ABCD\WANG 下，并命名为 TEST. txt。

【操作解析】

第一步：打开考生文件夹下 LAY\AUE 文件夹，选定 XIA.jpg 文件。

第二步：选择"编辑"→"剪切"命令，或按 Ctrl＋X 组合键。

第三步：打开考生文件夹下 ABCD\WANG 文件夹，选择"编辑"→"粘贴"命令，或按 Ctrl＋V 组合键。

第四步：选定移动来的 XIA.jpg 文件，按 F2 键，此时文件（文件夹）名称处呈现蓝色可编辑状态，输入指定的名称 TEST.txt 或右击弹出快捷菜单，选择"重命名"命令改名为 TEST. txt。

技能点 5　文件搜索和删除

【实例 7】搜索考生文件夹中的 AUTXIAN.bat 文件，然后将其删除。

【操作解析】

第一步：打开考生文件夹。

第二步：在工具栏右上角的搜索对话框中输入要搜索的文件名 AUTXIAN.bat，单击搜索对话框右侧 🔍 按钮，搜索结果将显示在文件窗格中。

第三步：选定搜索出的文件。

第四步：按 Delete 键，弹出"确认"对话框。

第五步：单击"确定"按钮，将文件（文件夹）删除到回收站。

技能点 6　文件属性设置

【实例 8】在考生文件夹下 WUE 文件夹中创建名为 STUDENT. txt 的文件，并设置属性为"隐藏"。

【操作解析】

第一步：打开考生文件夹下 WUE 文件夹，选择"文件"→"创建"→"文件夹"命令，然后输入文件名"STUDENT. txt"。

第二步：选择"文件"→"属性"命令，或右击弹出快捷菜单，选择"属性"命令，即可弹出"属性"对话框。

第三步：在"属性"对话框中勾选"隐藏"复选框，单击"确定"按钮。

【实例 9】将考生文件夹下 QPM 文件夹中 JING.wri 文件的"只读"属性撤销。

【操作解析】

第一步：打开考生文件夹下 QPM 文件夹，选定 JING.wri 文件。

第二步：选择"文件"→"属性"命令，或右击弹出快捷菜单，选择"属性"命令，即可弹出"属性"对话框。

第三步：在"属性"对话框中取消勾选"只读"复选框，单击"确定"按钮。

技能点 7　网页内容检索

【实例 10】某网站的主页地址是 http://localhost:65531/examweb/index.htm，打开此主页，浏览"航空知识"页面，查找"运十运输机"的页面内容，并将它以文本文件的格式保存到考生目录下，命名为"y10ysj.txt"。

【操作解析】

第一步：打开 IE 浏览器。

第二步：在"地址栏"中输入网址"http://localhost:65531/examweb/Index.htm"，并按 Enter 键打开主页面，如图 1-1 所示。

第三步：从中单击"航空知识"，打开页面如图 1-2 所示，再选择"运十运输机"，单击打开此页面。

图 1-1　主页面　　　　　　　　　　　图 1-2　"航空知识"页面

第四步：选择"工具"→"工具栏"命令，勾选"菜单栏"复选框，如图 1-3 所示。

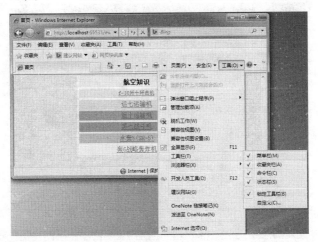

图 1-3　勾选"菜单栏"

第五步：选择"文件"→"另存为"命令，弹出"保存网页"对话框，如图 1-4 所示。在"文档库"窗格中打开考生文件夹，在"文件名"编辑框中输入"y10ysj.txt"，在"保存类型"中选择"文本文件(*.txt)"，单击"保存"按钮完成操作。

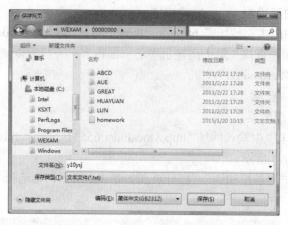

图 1-4   "保存网页"对话框

技能点 8   邮件接收

【实例 11】接收并阅读由 xuexq@mail.neea.edu.cn 发来的 E-mail，并将附件保存在考生文件夹下，名称设为"附件.zip"。

【操作解析】

第一步：启动 Outlook 2010，如图 1-5 所示。

第二步：单击"发送/接收所有文件夹"按钮，接收完邮件之后，会在"收件箱"右侧邮件列表窗格中有一封邮件，单击此邮件收件人旁的附件图标，将会弹出"保存附件"命令，如图 1-6 所示。

第三步：选择"保存附件"命令，弹出"另存为"对话框，在"另存为"对话框（图 1-7）中打开考生文件夹，在"文件名"中输入"附件.zip"，单击"保存"按钮完成操作。

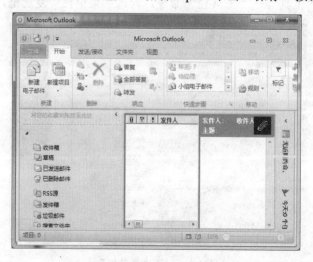

图 1-5   启动 Outlook 2010

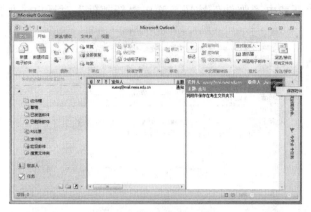

图 1-6　"保存附件"命令

图 1-7　"另存为"对话框

【实例 12】向老同学刘亮发一封 E-mail，并将考生文件夹下的图片文件"fengjing.jpg"作为附件一起发出。具体要求如下：

收件人：Liuliang@163.com。

主题：美丽的风景。

内容：刘亮，你好！最近我出去旅游，把当地的一张风景照寄给你，欣赏欣赏。

【操作解析】

第一步：启动 Outlook 2010，如图 1-8 所示。

图 1-8　打开 Outlook 2010

第二步：单击"新建电子邮件"按钮，弹出"新邮件"对话框，如图1-9所示。

图1-9　"新邮件"对话框

第三步：在"收件人"编辑框中输入"Liuliang@163.com"；在"主题"编辑框中输入"美丽的风景"；在窗口中央空白的编辑区域内输入邮件内容"刘亮，你好！最近我出去旅游，把当地的一张风景照寄给你，欣赏欣赏。"。

第四步：单击工具栏上的"附件"按钮，弹出"打开"文件对话框，如图1-10所示；文件类型改为"AllFiles(*.*)"，在考生文件夹下选定文件"fengjing.jpg"，单击"打开"按钮，返回"新邮件"对话框。

图1-10　"打开"文件对话框

第五步：单击"发送"按钮，完成邮件发送。

【实例13】同时向下列两个E-mail地址发送一封电子邮件（不许使用抄送），并将考生文件夹下的Word文档table.docx作为附件一起发出。具体要求如下：

收件人：zhouqianyi@126.com 和 chenqiyu@sina.com。

主题：本学期课程表。

内容：发本学期的课程表，具体见附件。

【操作解析】

第一步：启动 Outlook 2010。

第二步：单击"新建电子邮件"按钮，弹出"新邮件"对话框。

第三步：在"收件人"编辑框中输入"zhouqianyi@126.com;chenqiyu@sina.com"；在"主题"编辑框中输入"本学期课程表"；在窗口中央空白的编辑区域内输入邮件的主题内容"发本学期的课程表，具体见附件。"，如图 1-11 所示。

第四步：单击工具栏上的"附件"按钮，弹出"打开"文件对话框，文件类型改为"AllFiles(*.*)"，在考生文件夹下选定文件"table.docx"，单击"打开"按钮，返回"新邮件"对话框，如图 1-12 所示。

第五步：单击"发送"按钮，完成邮件发送。

图 1-11　编辑邮件窗口

图 1-12　添加附件窗口

技能点 9　发送邮件

【实例 14】题目要求如下：

1）用 IE 浏览器打开如下地址：http://localhost:65531/examweb/Index.htm，浏览有关"路

由原理"的网页，将该页内容以文本文件的格式保存到考生目录下，文件名为"TestIe.txt"。

2）用 Outlook 编辑电子邮件，要求如下：

收信地址：mail4test@163.com。

主题：路由原理。

将 TestIe.txt 作为附件添加到信件中。

信件正文如下：

您好！

附件是路由原理介绍，请查阅，收到请回信。

此致

敬礼！

【操作解析】

第一步：打开 IE 浏览器。

第二步：在"地址栏"中输入网址"http://localhost:65531/examweb/Index.htm"，并按 Enter 键打开主页面，如图 1-13 所示。

图 1-13　主页面

第三步：从中单击"路由原理"，打开页面如图 1-14 所示。

第四步：选择"文件"→"另存为"命令，弹出"保存网页"对话框，如图 1-15 所示。在"文档库"窗格中打开考生文件夹，在"文件名"编辑框中输入"TestIe.txt"，在"保存类型"中选择"文本文件(*.txt)"，单击"保存"按钮完成操作。

第五步：启动 Outlook 2010。

第六步：在 Outlook 2010 功能区中单击"新建电子邮件"按钮，弹出"新邮件"对话框。

第七步：如图 1-16 所示，在"收件人"编辑框中输入"mail4test@163.com"；在"主题"编辑框中输入"路由原理"；在窗口中央空白的编辑区域内输入邮件的主题内容：

您好！

附件是路由原理介绍，请查阅，收到请回信。

此致

敬礼！

第八步：单击工具栏上的"附件"按钮，弹出"打开"文件对话框，文件类型改为"AllFiles(*.*)"，在考生文件夹下选定文件"TestIe.txt"，单击"打开"按钮，返回"新邮件"

对话框。

第九步：单击"发送"按钮，完成邮件发送。

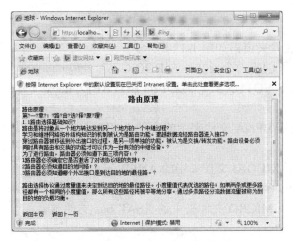

图 1-14 "路由原理"页面

图 1-15 保存网页

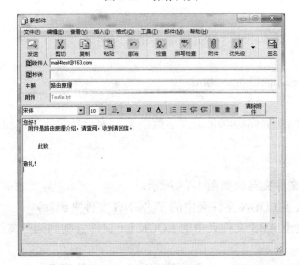

图 1-16 编辑邮件内容

2. 真题训练

【真题（一）】

【基本操作】

真题（一）考生文件夹窗口如图 1-17 所示。

1）在考生文件夹下创建一个新文件夹 BOOK。

2）将考生文件夹下 VOTUNA 文件夹中的 BOYABLE.docx 文件复制到同一文件夹下，并命名为 SYAD.docx。

3）将考生文件夹下 BENA 文件夹中的文件 PRODUCT.wri 的"只读"属性撤销，并设置为"隐藏"属性。

4）为考生文件夹下 XIUGAI 文件夹中的 ANEW.exe 文件建立名为 KANEW 的快捷方式，并存放在考生文件夹下。

5）将考生文件夹下 MICRO 文件夹中的 XSAK.bas 文件删除。

图 1-17 真题（一）考生文件夹窗口

【上网操作】

向张卫国同学发一封 E-mail，祝贺他考入北京大学。

具体要求如下：

收件人：zhangwg@mail.home.com。

主题：祝贺。

函件内容：由衷地祝贺你考取北京大学数学系，为未来的数学家而高兴。

【真题（二）】

【基本操作】

真题（二）考生文件夹窗口如图 1-18 所示。

1）将考生文件夹下 LOBA 文件夹中的 TUXING 文件夹删除。

2）将考生文件夹下 ABS 文件夹中的 LOCK.for 文件复制到同一文件夹中，文件命名为 FUZHI.for。

3）为考生文件夹下 WALL 文件夹中的 PBOB.txt 文件建立名为 KPBOB 的快捷方式，

并存放在考生文件夹下。

4）在考生文件夹下 XILIE 文件夹中创建名为 BTNBQ 的文件夹，并设置为"隐藏"属性。

5）搜索考生文件夹下的 DONGBEI.docx 文件，然后将其删除。

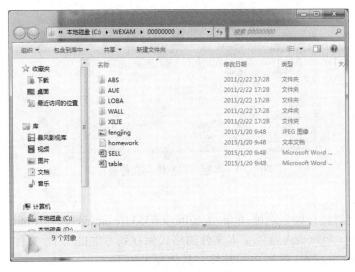

图 1-18 真题（二）考生文件夹窗口

【上网操作】

1）用 IE 浏览器打开如下地址：http://localhost:65531/examweb/index.htm，浏览有关"java 入门"的网页，将该页内容以文本文件的格式保存到考生目录下，文件名为"TestIe.txt"。

2）用 Outlook Express 编辑电子邮件，要求如下：

收信地址：mail4test@163.com。

主题：java 入门。

将 TestIe.txt 作为附件添加到信件中。

信件正文如下：

您好！

Java 语言有着广泛的应用前景，附件是关于 java 的入门资料，请下载查看，如果需要更详细的 java 学习资料，请来信索取。

祝您学习愉快！

【真题（三）】

【基本操作】

真题（三）考生文件夹窗口如图 1-19 所示。

1）将考生文件夹下 ZIBEN.for 文件复制到考生文件夹下 LUN 文件夹中。

2）将考生文件夹下 HUAYUAN 文件夹中的 ANUM.bat 文件删除。

3）为考生文件夹下 GREAT 文件夹中的 GIRL.exe 文件建立名为 KGIRL 的快捷方式，并存放在考生文件夹下。

4）在考生文件夹下 ABCD 文件夹中建立一个名为 FANG 的文件夹。

5）搜索考生文件夹下的 BANXIAN.for 文件，然后将其删除。

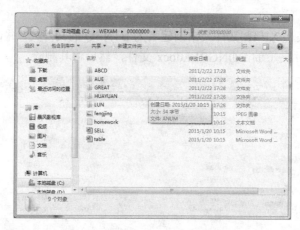

图 1-19　真题（三）考生文件夹窗口

【上网操作】

1）用 IE 浏览器打开如下地址：http://localhost:65531/examweb/index.htm，浏览有关"Linux 操作系统"的网页，将该页内容以文本文件的格式保存到考生目录下，文件名为"TestIe.txt"。

2）用 Outlook Express 编辑电子邮件，具体要求如下：

收信地址：mail4test@163.com。

主题：Linux 操作系统介绍。

将 TestIe.txt 作为附件添加到信件中。

信件正文如下：

您好！

Linux 是一个免费的操作系统，用户可以免费获得其源代码，并能够随意修改。现将其简单介绍通过附件发给您，希望您感兴趣，收到请回信。

此致

敬礼！

【真题（四）】

【基本操作】

真题（四）考生文件夹窗口如图 1-20 所示。

图 1-20　真题（四）考生文件夹窗口

1）在考生文件夹下 KUB 文件夹中新建名为 BRNG 的文件夹。

2）将考生文件夹下 BINNA\AFEW 文件夹中的 LI.docx 文件复制到考生文件夹下。

3）将考生文件夹下 QPM 文件夹中 JING.wri 文件的"只读"属性撤销。

4）搜索考生文件夹中的 AUTXIAN.bat 文件，然后将其删除。

5）为考生文件夹下 XIANG 文件夹建立名为 KXIANG 的快捷方式，并存放在考生文件夹下的 POB 文件夹中。

【上网操作】

同时向下列两个 E-mail 地址发送一封电子邮件（注：不准用抄送），并将考生文件夹下的一个 Word 文档 table.docx 作为附件一起发送。

具体要求如下：

收件人 E-mail 地址：wurj@bj163.com 和 kuohq@263.net.cn。

主题：统计表。

函件内容：发去一个统计表，具体见附件。

【真题（五）】

【基本操作】

真题（五）考生文件夹窗口如图 1-21 所示。

1）在考生文件夹下 CCTVA 文件夹中新建一个文件夹 LEDER。

2）将考生文件夹下 HIGER\YION 文件夹中的文件 ARIP.bat 重命名为 FAN.bat。

3）将考生文件夹下 GOREST\TREE 文件夹中的文件 LEAF.map 设置为"只读"属性。

4）将考生文件夹下 BOP\YIN 文件夹中的文件 FILE.wri 复制到考生文件夹下 SHEET 文件夹中。

5）将考生文件夹下 XEN\FISHER 文件夹中的文件夹 EAT-A 删除。

图 1-21 真题（五）考生文件夹窗口

【上网操作】

某网站的主页地址是 http://localhost:65531/examweb/index.htm，打开此主页，浏览"航空知识"页面，查找"水轰 5（SH-5）"的页面内容，并将它以文本文件的格式保存到考生目录下，命名为"sh5hzj.txt"。

【真题（六）】

【基本操作】

真题（六）考生文件夹窗口如图 1-22 所示。

1）在考生文件夹下分别创建名为 YA 和 YB 两个文件夹。

2）将考生文件夹下的 ZHU\GA 文件夹复制到考生文件夹下。

3）删除考生文件夹下 KCTV 文件夹中的 DAO 文件夹。

4）将考生文件夹下的 YA 文件夹设置为"隐藏"属性。

5）搜索考生文件夹下的 MAN.ppt 文件，将其移动到考生文件夹下的 YA 文件夹中。

图 1-22　真题（六）考生文件夹窗口

【上网操作】

接收来自 bigblue_beijing@yahoo.com 的邮件，并回复该邮件，正文为"信已收到，祝好！"。

【真题（七）】

【基本操作】

真题（七）考生文件夹窗口如图 1-23 所示。

图 1-23　真题（七）考生文件夹窗口

1）将考生文件夹下 CHU\XIONG 文件夹中的文件 WIND.docx 删除。

2）在考生文件夹下 JI\GUAN 文件夹中建立一个新文件夹 KAO。

3）将考生文件夹下 INTEL 文件夹中的文件 DEC.cgf 设置为"隐藏"属性。

4）将考生文件夹下 FEI 文件夹中的文件 CHA.mem 移动到考生文件夹下，并将该文件改名为 SUO.mem。

5）考生文件夹下第二个字母是 A 的所有文本文件，将其移动到考生文件夹下的 TXT 文件夹下。

【上网操作】

接收并阅读由 rock@cuc.edu.cn 发来的 E-mail，并将随信发来的附件以文件名 abcd.txt 保存到考生文件夹下。

3. 真题解析

【真题（一）基本操作解析】

1）第一步：打开考生文件夹。

　　第二步：选择"文件"→"新建"→"文件夹"命令，或右击弹出快捷菜单，选择"新建"→"文件夹"命令，即可生成新的文件夹。

　　第三步：此时文件（文件夹）名称处呈现蓝色可编辑状态，输入题目指定的名称 BOOK。

2）第一步：打开考生文件夹下 VOTUNA 文件夹，选定 BOYABLE.docx 文件。

　　第二步：选择"编辑"→"复制"命令，或按 Ctrl+C 组合键；选择"编辑"→"粘贴"命令，或按 Ctrl+V 组合键。

　　第三步：选定复制来的文件，按 F2 键，此时文件（文件夹）名称处呈现蓝色可编辑状态，编辑名称为题目指定的名称 SYAD.docx。

3）第一步：打开考生文件夹下 BENA 文件夹，选定 PRODUCT.wri 文件。

　　第二步：选择"文件"→"属性"命令，或右击弹出快捷菜单，选择"属性"命令，即可弹出"属性"对话框。

　　第三步：在"属性"对话框中勾选"隐藏"复选框，取消勾选"只读"复选框，单击"确定"按钮。

4）第一步：打开考生文件夹下的 XIUGAI 文件夹，选定要生成快捷方式的 ANEW.exe 文件。

　　第二步：选择"文件"→"创建快捷方式"命令，或右击弹出快捷菜单，选择"创建快捷方式"命令，即可在同文件夹下生成一个快捷方式文件。

　　第三步：移动这个文件到考生文件夹下，并按 F2 键改名为 KANEW。

5）第一步：打开考生文件夹下 MICRO 文件夹，选定 XSAK.bas 文件。

　　第二步：按 Delete 键，弹出"确认"对话框，单击"确定"按钮，将文件（文件夹）删除到回收站。

【真题（一）上网操作解析】

第一步：启动 Outlook 2010。

第二步：在具栏上单击"新建电子邮件"按钮，弹出"新邮件"对话框。

第三步：在"收件人"编辑框中输入"zhangwg@mail.home.com"；在"主题"编辑框中输入"祝贺"；在窗口中央空白的编辑区域内输入邮件的主题内容"由衷地祝贺你考取北京大学数学系，为未来的数学家而高兴。"。

第四步：单击"发送"按钮，完成邮件发送。

【真题（二）基本操作解析】

1）第一步：打开考生文件夹下 LOBA 文件夹，选定 TUXING 文件夹。

第二步：按 Delete 键，弹出"确认"对话框，单击"确定"按钮，将文件（文件夹）删除到回收站。

2）第一步：打开考生文件夹下 ABS 文件夹，选定 LOCK.for 文件。

第二步：选择"编辑"→"复制"命令，或按 Ctrl＋C 组合键；选择"编辑"→"粘贴"命令，或按 Ctrl＋V 组合键。

第三步：选定复制来的文件，按 F2 键，此时文件（文件夹）名称处呈现蓝色可编辑状态，编辑名称为题目指定的名称 FUZHI.for。

3）第一步：打开考生文件夹下的 WALL 文件夹，选定要生成快捷方式的 PBOB.txt 文件。

第二步：选择"文件"→"创建快捷方式"命令，或右击弹出快捷菜单，选择"创建快捷方式"命令，即可在同文件夹下生成一个快捷方式文件。

第三步：移动这个文件到考生文件夹下，并按 F2 键改名为 KPBOB。

4）第一步：打开考生文件夹下 XILIE 文件夹，选定 BTNBQ 文件夹。

第二步：选择"文件"→"属性"命令，或右击弹出快捷菜单，选择"属性"命令，即可弹出"属性"对话框。

第三步：在"属性"对话框中勾选"隐藏"复选框，单击"确定"按钮。

5）第一步：打开考生文件夹。

第二步：在工具栏右上角的"搜索"对话框中输入要搜索的文件名 DONGBEI.docx，单击"搜索"对话框右侧 🔍 按钮，搜索结果将显示在文件窗格中。

第三步：选定搜索出的文件，按 Delete 键，弹出"确认"对话框。

第四步：单击"确定"按钮，将文件（文件夹）删除到回收站。

【真题（二）上网操作解析】

第一步：打开 IE 浏览器。

第二步：在"地址栏"中输入网址"http://localhost:65531/examWeb/index.htm"，并按 Enter 键打开主页面。

第三步：从中单击"java 入门"页面打开此页面。

第四步：选择"文件"→"另存为"命令，弹出"保存网页"对话框，如图 1-15 所示。在"文档库"窗格中打开考生文件夹，在"文件名"编辑框中输入"TestIe.txt"，在"保存类型"中选择"文本文件(*.txt)"，单击"保存"按钮完成操作。

第五步：启动 Outlook 2010。

第六步：在 Outlook 2010 功能区中单击"新建电子邮件"按钮，弹出"新邮件"对话框。

第七步：如图 1-16 所示，在"收件人"编辑框中输入"mail4test@163.com"；在"主题"编辑框中输入"java 入门"；在窗口中央空白的编辑区域内输入邮件内容：

您好！

　　Java 语言有着广泛的应用前景，附件是关于 java 的入门资料，请下载查看，如果需要更详细的 java 学习资料，请来信索取。

　　祝您学习愉快！

　　第八步：单击工具栏上的"附件"按钮，弹出"打开"文件对话框，文件类型改为"AllFiles(*.*)"，在考生文件夹下选定文件"TestIe.txt"，单击"打开"按钮，返回"新邮件"对话框。

　　第九步：单击"发送"按钮，完成邮件发送。

【真题（三）基本操作解析】

1）第一步：打开考生文件夹，选定 ZIBEN.for 文件，选择"编辑"→"复制"命令，或按 Ctrl＋C 组合键。

　　第二步：打开考生文件夹下 LUN 文件夹，选择"编辑"→"粘贴"命令，或按 Ctrl＋V 组合键。

2）第一步：打开考生文件夹下 HUAYUAN 文件夹，选定 ANUM.bat 文件。

　　第二步：按 Delete 键，弹出"确认"对话框，单击"确定"按钮，将文件（文件夹）删除到回收站。

3）第一步：打开考生文件夹下 GREAT 文件夹，选定要生成快捷方式的 GIRL.exe 文件。

　　第二步：选择"文件"→"创建快捷方式"命令，或右击弹出快捷菜单，选择"创建快捷方式"命令，即可在同文件夹下生成一个快捷方式文件。

　　第三步：移动这个文件到考生文件夹下，并按 F2 键改名为 KGIRL。

4）第一步：打开考生文件夹下 ABCD 文件夹。

　　第二步：选择"文件"→"新建"→"文件夹"命令，或右击弹出快捷菜单，选择"文件"→"文件夹"命令，此时文件（文件夹）名称处呈现蓝色可编辑状态，编辑名称为题目指定的名称 FANG。

5）第一步：打开考生文件夹。

　　第二步：在工具栏右上角的"搜索"对话框中输入要搜索的文件名 BANXIAN.for，单击"搜索"对话框右侧 按钮，搜索结果将显示在文件窗格中。

　　第三步：删除文件，选定搜索出的文件，按 Delete 键，弹出"确认"对话框，单击"确定"按钮，将文件（文件夹）删除到回收站。

【真题（三）上网操作解析】

　　第一步：打开 IE 浏览器。

　　第二步：在"地址栏"中输入网址"http://localhost:65531/examweb/index.htm"，并按 Enter 键打开主页面。

　　第三步：从中单击"Linux 操作系统"页面打开此页面。

　　第四步：选择"文件"→"另存为"命令，弹出"保存网页"对话框，如图 1-15 所示，在"文档库"窗格中打开考生文件夹，在"文件名"编辑框中输入"TestIe.txt"，在"保存类型"中选择"文本文件(*.txt)"，单击"保存"按钮完成操作。

　　第五步：启动 Outlook 2010。

　　第六步：在 Outlook 2010 功能区中单击"新建电子邮件"按钮，弹出"新邮件"对话框。

　　第七步：如图 1-16 所示，在"收件人"编辑框中输入"mail4test@163.com"；在"主题"编辑框中输入"Linux 操作系统介绍"；在窗口中央空白的编辑区域内输入邮件内容：

您好！

　　Linux 是一个免费的操作系统，用户可以免费获得其源代码，并能够随意修改。现将其简单介绍通过附件发给您，希望您感兴趣，收到请回信。

　　此致
敬礼！

　　第八步：单击工具栏上的"附件"按钮，弹出"打开"文件对话框，文件类型改为"AllFiles(*.*)"，在考生文件夹下选定文件"TestIe.txt"，单击"打开"按钮，返回"新邮件"对话框。

　　第九步：单击"发送"按钮，完成邮件发送。

【真题（四）基本操作解析】

1）第一步：打开考生文件夹下 KUB 文件夹。

　　第二步：选择"文件"→"新建"→"文件夹"命令，或右击弹出快捷菜单，选择"文件"→"新建"命令，即可生成新的文件夹，此时文件（文件夹）名称处呈现蓝色可编辑状态，编辑名称为题目指定的名称 BRNG。

2）第一步：打开考生文件夹下 BINNA\AFEW 文件夹，选定 LI.docx 文件。

　　第二步：选择"编辑"→"复制"命令，或按 Ctrl＋C 组合键。

　　第三步：打开考生文件夹，选择"编辑"→"粘贴"命令，或按 Ctrl＋V 组合键。

3）第一步：打开考生文件夹下 QPM 文件夹，选定 JING.wri 文件。

　　第二步：选择"文件"→"属性"命令，或右击弹出快捷菜单，选择"属性"命令，即可弹出"属性"对话框。

　　第三步：在"属性"对话框中取消勾选"只读"复选框，单击"确定"按钮。

4）第一步：打开考生文件夹。

　　第二步：在工具栏右上角的"搜索"对话框中输入要搜索的文件名 AUTXIAN.bat，单击"搜索"对话框右侧 🔍 按钮，搜索结果将显示在文件窗格中。

　　第三步：删除文件，选定搜索出的文件，按 Delete 键，弹出"确认"对话框，单击"确定"按钮，将文件（文件夹）删除到回收站。

5）第一步：选定考生文件夹下 XIANG 文件夹。

　　第二步：选择"文件"→"创建快捷方式"命令，或右击弹出快捷菜单，选择"创建快捷方式"命令，即可在同文件夹下生成一个快捷方式文件。

　　第三步：移动这个文件到考生文件夹 POB 下，并按 F2 键改名为 KXIANG。

【真题（四）上网操作解析】

第一步：启动 Outlook Express。

第二步：在工具栏上单击"新建电子邮件"按钮，弹出"新邮件"对话框。

第三步：在"收件人"编辑框中输入"wurj@bj163.com;kuohq@263.net.cn"；在"主题"编辑框中输入"统计表"；在窗口中央空白的编辑区域内输入邮件的主题内容"发去一个统计表，具体见附件。"。

第四步：单击工具栏上的"附件"按钮，弹出"打开"文件对话框，文件类型改为"AllFiles(*.*)"，在考生文件夹下选定文件"table.docx"，单击"打开"按钮，返回"新邮件"对话框。

第五步：单击"发送"按钮，完成邮件发送。

【真题（五）基本操作解析】

1）第一步：打开考生文件夹下 CCTVA 文件夹。

第二步：选择"文件"→"新建"→"文件夹"命令，或右击弹出快捷菜单，选择"新建"→"文件夹"命令，即可生成新的文件夹，此时文件夹名称处呈现蓝色可编辑状态，编辑名称为题目指定的名称 LEDER。

2）第一步：打开考生文件夹下 HIGER\YION 文件夹，选定 ARIP.bat 文件。

第二步：按 F2 键，此时文件名称处呈现蓝色可编辑状态，编辑名称为题目指定的名称 FAN.bat。

3）第一步：打开考生文件夹下 GOREST\TREE 文件夹，选定 LEAF.map 文件。

第二步：选择"文件"→"属性"命令，或右击弹出快捷菜单，选择"属性"命令，即可弹出"属性"对话框。

第三步：在"属性"对话框中勾选"只读"复选框，单击"确定"按钮。

4）第一步：打开考生文件夹下 BOP\YIN 文件夹，选定 FILE.wri 文件。

第二步：选择"编辑"→"复制"命令，或按 Ctrl＋C 组合键。

第三步：打开考生文件夹下 SHEET 文件夹。

第四步：选择"编辑"→"粘贴"命令，或按 Ctrl＋V 组合键。

5）第一步：打开考生文件夹下 XEN\FISHER 文件夹，选定 EAT-A 文件夹。

第二步：按 Delete 键，弹出"确认"对话框，单击"确定"按钮，将文件（文件夹）删除到回收站。

【真题（五）上网操作解析】

第一步：打开 IE 浏览器。

第二步：在"地址栏"中输入网址"http://localhost:65531/examweb/index.htm"，并按 Enter 键打开页面，从中单击"航空知识"页面，再选择"水轰 5（SH-5）"，单击打开此页面。

第三步：选择"文件"→"另存为"命令，弹出"保存网页"对话框，打开考生文件夹，在"文件名"文本框中输入"sh5hzj.txt"，在"保存类型"中选择"文本文件(*.txt)"，单击"保存"按钮完成操作。

【真题（六）基本操作解析】

1）第一步：打开考生文件夹。

第二步：选择"文件"→"新建"→"文件夹"命令，或右击弹出快捷菜单，选择"新建"→"文件夹"命令，即可生成新的文件夹，此时文件夹名称处呈现蓝色可编辑状态，编辑名称为题目指定的名称 YA 和 YB。

2）第一步：选定考生文件夹下 ZHU\GA 文件夹。

第二步：选择"编辑"→"复制"命令，或按 Ctrl＋C 组合键；打开考生文件夹，选择"编辑"→"粘贴"命令，或按 Ctrl＋V 组合键。

3）第一步：打开考生文件夹下 KCTV 文件夹，选定 DAO 文件夹。

第二步：按 Delete 键，弹出"确认"对话框；单击"确定"按钮，将文件（文件夹）

删除到回收站。

4）第一步：选定考生文件夹下 YA 文件夹。

第二步：选择"文件"→"属性"命令，或右击弹出快捷菜单，选择"属性"命令，即可弹出"属性"对话框，在"属性"对话框中勾选"隐藏"复选框，单击"确定"按钮。

5）第一步：打开考生文件夹。

第二步：在工具栏右上角的"搜索"对话框中输入要搜索的文件名 MAN.ppt，单击"搜索"对话框右侧 🔍 按钮，搜索结果将显示在文件窗格中。

第三步：移动文件，选定搜索出的文件。

第四步：选择"编辑"→"剪切"命令，或按 Ctrl＋X 组合键；打开考生文件夹下 YA 文件夹；选择"编辑"→"粘贴"命令，或按 Ctrl＋V 组合键。

【真题（六）上网操作解析】

第一步：启动 Outlook 2010。

第二步：单击"发送/接收所有文件夹"按钮，接收完邮件之后，会在"收件箱"右侧邮件列表窗格中有一封邮件，单击此邮件，在下方窗格中可显示邮件的具体内容。

第三步：单击工具栏上"答复"按钮，弹出"回复邮件"对话框。

第四步：在窗口中央空白的编辑区域内输入邮件的主题内容"信已收到，祝好！"，单击"发送"按钮完成邮件回复。

【真题（七）基本操作解析】

1）第一步：打开考生文件夹下 CHU\XIONG 文件夹，选定 WIND.docx 文件。

第二步：按 Delete 键，弹出"确认"对话框。

第三步：单击"确定"按钮，将文件（文件夹）删除到回收站。

2）第一步：打开考生文件夹下 JI\GUAN 文件夹。

第二步：选择"文件"→"新建"→"文件夹"命令，或右击弹出快捷菜单，选择"新建"→"文件夹"命令，即可生成新的文件夹，此时文件夹名称处呈现蓝色可编辑状态，编辑名称为题目指定的名称 KAO。

3）第一步：打开考生文件夹下 INEL 文件夹，选定 DEC.cgf 文件。

第二步：选择"文件"→"属性"命令，或右击弹出快捷菜单，选择"属性"命令，即可弹出"属性"对话框。

第三步：在"属性"对话框中勾选"属性"复选框，单击"属性"按钮。

4）第一步：打开考生文件夹下 FEI 文件夹，选定 CHA.mem 文件。

第二步：选择"编辑"→"剪切"命令，或按 Ctrl＋X 组合键；打开考生文件夹，选择"编辑"→"粘贴"命令，或按 Ctrl＋V 组合键。

第三步：选定移动来的文件夹，按 F2 键，此时文件名称处呈现蓝色可编辑状态，输入题目指定的名称 SUO.mem。

5）第一步：打开考生文件夹。

第二步：在工具栏右上角的"搜索"对话框中输入要搜索的文件名"?A*.txt"，单击"搜索"对话框右侧 🔍 按钮，搜索结果将显示在文件窗格中（? 和*都是通配符，前者表示任意一个字符，后者表示任意一组字符）。

第三步：移动文件，选定搜索出的文件。

第四步：选择"编辑"→"剪切"命令，或按 Ctrl＋X 组合键；打开考生文件夹下 TXT 文件夹；选择"编辑"→"粘贴"命令，或按 Ctrl＋V 组合键。

【真题（七）上网操作解析】

第一步：启动 Outlook 2010。

第二步：单击"发送/接收所有文件夹"按钮，接收完邮件之后，会在"收件箱"右侧邮件列表窗格中有一封邮件，单击附件，弹出"保存附件"对话框。

第三步：弹出"另存为"对话框，在"另存为"对话框中打开考生文件夹，在"文件名"文本框中输入"abcd.txt"，单击"保存"按钮完成操作。

项目 2　Word 文档制作

1. 考点解析

技能点 1　页面设置

【实例 1】将页面设置为纸张大小为 A4，上、下页边距为 2 厘米，左、右页边距为 3 厘米，装订线位于左侧，装订线 0.5 厘米，每页 40 行，每行 38 字符。

【操作解析】

第一步：选择"页面布局"→"页面设置"→"纸张大小"→"A4"命令。

第二步：单击"页面布局"→"页面设置"右侧的对话框启动器按钮，在弹出的"页面设置"对话框中选择"页边距"选项卡，如图 2-1 所示，按照题目要求分别设置上、下、左、右页边距，以及装订线的尺寸和位置，单击"确定"按钮。

第三步：在"页面设置"对话框中选择"文档网格"选项卡，如图 2-2 所示，在网格中点选"指定行和字符网格"单选按钮，然后设置每页 40 行，每行 38 字符，最后单击"确定"按钮结束。

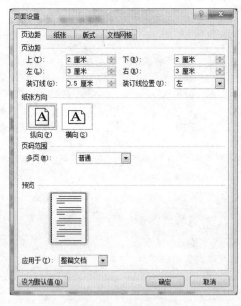

图 2-1　页边距设置

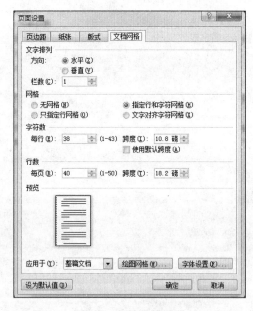

图 2-2　文档网格设置

技能点 2　页面背景设置

【实例 2】给文档添加水印文字"普通公文"，字体为隶书；设置页面颜色为"蓝色，强调文字颜色 1，淡色 60%"；设置橙色、3 磅、方框的页面边框。

【操作解析】

第一步：将光标定位在文档中，选择"页面布局"→"页面背景"→"水印"→"自定义水印"命令，弹出"水印"对话框，如图 2-3 所示。在"水印"对话框中，点选"文字水印"单选按钮，输入文字"普通公文"，设置字体为"隶书"，其他设置选择默认值。

第二步：单击"确定"按钮结束。

第三步：选择"页面布局"→"页面背景"→"页面颜色"→"蓝色，强调文字颜色 1，淡色 60%"命令。

图 2-3　"水印"对话框

第四步：选择"页面布局"→"页面背景"→"页面边框"命令，在弹出的"边框和底纹"对话框中选择"方框"选项，颜色选择"橙色"，宽度选择"3 磅"，如图 2-4 所示。

第五步：单击"确定"按钮结束。

图 2-4　"边框和底纹"对话框

技能点 3　段落和字体设置

【实例 3】给文章加标题"多项工资措施促社会公平和谐"，并设置其格式为华文行楷、小三号、红色、居中对齐，字符间距缩放为 150%，并为标题文字填充图案样式为 15%的底纹，段后间距 1 行；设置正文所有段落首行缩进 2 个字符，正文行距为 1.25 倍。

【操作解析】

第一步：将光标定位在正文开始（第一个字符之前），输入该标题文字"多项工资措施促社会公平和谐"后按 Enter 键。

第二步：选中该标题文字，右击，在弹出的快捷菜单中选择"字体"命令（或者单击"开始"→"字体"右侧的对话框启动器按钮），弹出"字体"对话框，选择"字体"选项卡，如图 2-5 所示，按照题目要求设置字体、字号及字体颜色。

第三步：在"字体"对话框中选择"高级"选项卡，如图 2-6 所示，设置缩放 150%。

第四步：单击"确定"按钮结束。

图 2-5　字体设置　　　　　　　　　　图 2-6　字符间距设置

第五步：选中该标题文字，选择"开始"→"段落"→"居中对齐"命令，设置居中对齐。

第六步：选中该标题文字，选择"开始"→"段落"→"边框和底纹"命令，在弹出的"边框和底纹"对话框中选择"底纹"选项卡，如图 2-7 所示，在"图案-样式"中选择"15%"，在"应用于"下拉列表框中选择"文字"。

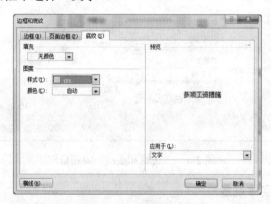

图 2-7　文字底纹设置

第七步：单击"确定"按钮结束。

第八步：将光标定位在标题文字中，单击"开始"→"段落"右侧的对话框启动器按钮，在弹出的"段落"对话框中选择"缩进和间距"选项卡，设置段后间距 1 行，单击"确定"按钮结束。

第九步：选中正文所有段落，单击"开始"→"段落"右侧的对话框启动器按钮，在弹出的"段落"对话框中选择"缩进和间距"选项卡，设置特殊格式为首行缩进 2 个字符，行距选择多倍行距，设置值中输入"1.25"，如图 2-8 所示，单击"确定"按钮结束。

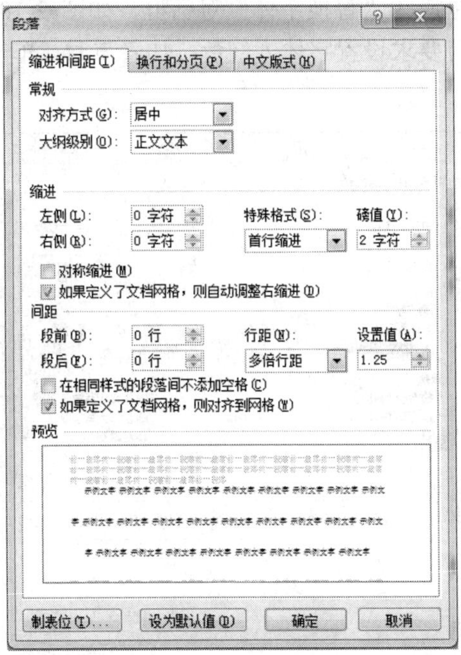

图 2-8　段落设置

技能点 4　文本替换

【实例 4】将正文中所有"收入"设置为红色、加粗、加着重号。

【操作解析】

第一步：将光标定位在正文中第一个"收入"处，并选中该"收入"，选择"开始"→"编辑"→"替换"命令，弹出"查找和替换"对话框，并选择"替换"选项卡，此时"查找内容"框中已有"收入"，如果没有出现则手动输入。

第二步：在"替换为"框中输入"收入"，并单击"更多"按钮，设置"搜索"范围为"向下"，如图 2-9 所示。

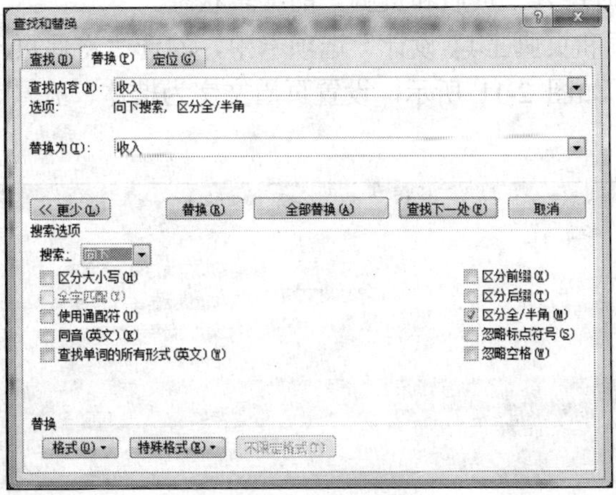

图 2-9　文本替换设置

第三步：将光标定位在"替换为"框中，然后单击"格式"按钮，选择字体命令。

第四步：弹出的对话框应为"替换字体"对话框，如图 2-10 所示，如果不是，则返回第三步重新设置，按照题目要求设置字体为红色、加着重号，单击"确定"按钮返回"查找和替换"对话框。

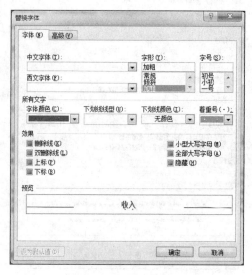

图 2-10　替换字体设置

第五步：在"查找和替换"对话框中检查字体的设置要求是否在"替换为"框的下方，如果是，则单击"全部替换"按钮；如果不是，则将光标定位在"查找内容"框中，单击"不限定格式"按钮，然后从第二步开始重新设置。

技能点 5　页眉和页脚设置

【实例 5】设置奇数页页眉为"公平和谐"，偶数页页眉为"工资改革"，字体均为楷体、五号，在页脚插入"第 X 页 共 Y 页"，页眉和页脚均居中显示。

【操作解析】

第一步：将光标定位在正文中任意位置，选择"插入"→"页眉和页脚"→"页眉"→"编辑页眉"命令，此时进入"页眉和页脚"的编辑状态。

第二步：在"页眉和页脚工具-设计"选项卡中，勾选"奇偶页不同"复选框，然后按照要求分别输入文字，如图 2-11 所示，设置页眉文字为楷体、五号、居中对齐（方法同正文文字的设置）。

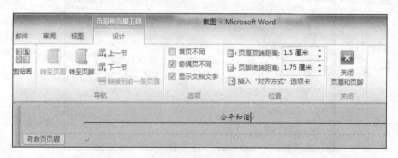

图 2-11　"页眉和页脚工具"选项卡

第三步：将光标分别定位在奇数页页脚和偶数页页脚区域，选择"页眉和页脚工具-设计"→"页眉和页脚"→"页码"→"页面底端"→"X/Y-加粗显示的数字2"命令。

第四步：在第一个数字前输入文字"第"，删除第一个数字后面的"/"，并同时输入"页共"，在第二个数字后面输入"页"，保持文字格式相同，居中对齐。

第五步：选择"页眉和页脚工具-设计"→"关闭"→"关闭页眉和页脚"命令。

技能点6　首字下沉设置

【实例6】设置正文第一段首字下沉2行，首字字体为隶书。

【操作解析】

第一步：将光标定位在正文第一段的任意位置，选择"插入"→"文本"→"首字下沉"→"首字下沉选项"命令，在弹出的"首字下沉"对话框中选择"位置"为"下沉"，在"字体"下拉列表框中选择"隶书"，在"下沉行数"中设置2行，如图2-12所示。

第二步：单击"确定"按钮结束。

技能点7　边框和底纹设置

【实例7】为正文第二段填充黄色底纹，加红色1.5磅带阴影边框。

【操作解析】

第一步：选中第二段文字，选择"开始"→"段落"→"边框和底纹"命令，在弹出的"边框和底纹"对话框中选择"底纹"选项卡，如图2-13中底纹的设置，选择黄色底纹，应用于"段落"。

第二步：在弹出的"边框和底纹"对话框中选择"边框"选项卡，如图2-14所示，选择"阴影"的设置，在"颜色"中设置"红色"，"宽度"中选择"1.5磅"，"应用于"下拉列表框中选择"段落"；单击"确定"按钮结束。

图2-12　首字下沉设置

图2-13　段落底纹设置

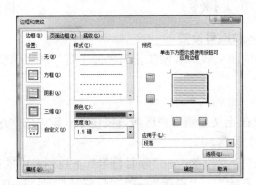

图2-14　段落边框设置

技能点8 图片插入

【实例8】在正文适当位置以四周型环绕方式插入图片"工资改革.jpg"，并设置图片高度、宽度均缩放130%。

【操作解析】

第一步：将光标定位在正文适当位置，选择"插入"→"插图"→"图片"命令，在弹出的"插入图片"对话框中文件所在位置选定文件"工资改革.jpg"，单击"插入"按钮。

第二步：选中图片，右击，在弹出的快捷菜单中选择"大小和位置"命令，在弹出的"布局"对话框中设置高度和宽度均缩放130%，如图2-15所示，单击"确定"按钮结束。

第三步：选择"图片工具-格式"→"排列"→"自动换行"→"四周型环绕"命令。

第四步：单击"确定"按钮结束，并参考样张将图片拖动到适当的位置。

技能点9 脚注插入

【实例9】在正文第一段中的文字GDP后插入脚注，编号格式为"①，②，③…"，脚注内容为"国民生产总值"。

【操作解析】

第一步：将光标定位在正文第一段中的文字GDP之后，单击"引用"→"脚注"右侧的对话框启动器按钮，在弹出的"脚注和尾注"对话框中选择脚注在"页面底端"，编号格式为"①，②，③…"，如图2-16所示，单击"插入"按钮。

第二步：在页面底端的编号①之后输入文字"国民生产总值"。

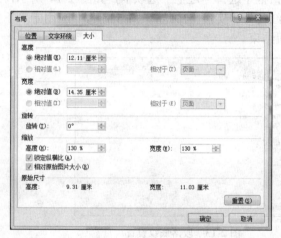

图2-15 图片大小设置

图2-16 脚注设置

技能点10 项目符号和编号设置

【实例10】为正文中的"低收入者涨工资"、"降工资"和"调整工资"段落设置蓝色菱形项目符号。

【操作解析】

第一步：将光标定位在正文左侧空白区域，按住Ctrl键，依次选中"低收入者涨工资"、"降工资"和"调整工资"段落。

第二步：选择"开始"→"段落"→"项目符号"下拉列表中的黑色菱形项目符号命令。

第三步：继续选择"开始"→"段落"→"项目符号"下拉列表中的"定义新项目符号"

命令，在弹出的"定义新项目符号"对话框中看到的应该是菱形符号，如果不是，则单击"符号"按钮，在弹出的"符号"对话框中选择菱形符号，如图 2-17 所示。

第四步：单击"字体"按钮，弹出"字体"对话框，在其中设置字体颜色为"蓝色"，如图 2-18 所示。

第五步：单击"确定"按钮结束。

图 2-17　"定义新项目符号"对话框

图 2-18　符号颜色设置

技能点 11　艺术字插入

【实例 11】在正文适当位置插入艺术字"改革措施"，采用"渐变填充-紫色，强调文字颜色 4，映像"样式，设置字体为宋体、40 号字、加粗，形状为"波形 2"，环绕方式为上下型。

【操作解析】

第一步：将光标定位在正文适当位置，选择"插入"→"文本"→"艺术字"命令，在弹出的艺术字库中选择"渐变填充-紫色，强调文字颜色 4，映像"样式，此时在正文中出现"艺术字"文字编辑框，在其中输入文字"改革措施"。

第二步：选中文字，选择"开始"→"字体"→"宋体、40、加粗"命令。

第三步：选中艺术字，选择"绘图工具-格式"→"排列"→"自动换行"→"上下型环绕"命令。

第四步：选中艺术字，选择"绘图工具 格式"→"艺术字样式"→"文本效果"→"转换"→"弯曲-波形 2"命令，如图 2-19 和图 2-20 所示；参考样张将图片拖动到适当的位置。

技能点 12　形状设置

【实例 12】在正文倒数第二段插入"椭圆形标注"自选图形，设置其环绕方式为紧密型并设置右对齐，填充黄色，线条颜色为红色、1 磅，并在其中添加文字"义务教育的工资"，字体颜色为"黑色，文字 1"。

【操作解析】

第一步：将光标定位在正文倒数第二段的适当位置，选择"插入"→"插图"→"形状"→"标注"→"椭圆形标注"命令。

第二步：按住鼠标左键进行拖动，画出"椭圆形标注"，在其中输入文字"义务教育的工资"，选中文字，选择"开始"→"字体"→"字体颜色"→"黑色，文字"命令。

图 2-19 "艺术字"文字编辑

图 2-20 艺术字形状设置

　　第三步：选择形状，选择"绘图工具-格式"→"排列"→"自动换行"→"紧密型环绕"命令。

　　第四步：选择形状，选择"绘图工具-格式"→"排列"→"位置"→"其他布局选项"命令，在弹出的"布局"对话框中设置水平对齐方式为"右对齐"，如图 2-21 所示；单击"确定"按钮结束。

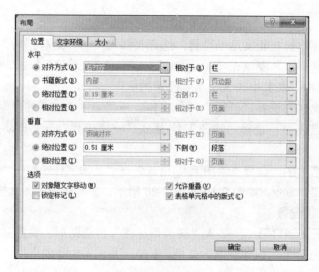

图 2-21 形状对齐方式设置

　　第五步：选择形状，选择"绘图工具-格式"→"形状样式"→"形状填充"→"标准色-黄色"命令。

　　第六步：选择形状，选择"绘图工具-格式"→"形状样式"→"形状轮廓"→"标准色-红色"命令。

第七步：选择形状，选择"绘图工具-格式"→"形状样式"→"形状轮廓"→"粗细"→"1 磅"命令。

技能点 13　垂直文本框设置

【实例 13】在正文适当位置插入垂直文本框并输入文字"工资收入"，设置字体格式为华文彩云、二号字、红色、居中对齐，环绕方式为四周型。

【操作解析】

第一步：选择"插入"→"插图"→"形状"→"基本形状"→"垂直文本框"命令。

第二步：按住鼠标左键进行拖动，画出"垂直文本框"，在其中输入"工资收入"，设置字体为华文彩云、二号字、红色，并设置居中对齐。

第三步：选中文本框，选择"绘图工具-格式"→"排列"→"自动换行"→"四周型环绕"命令。

技能点 14　分栏设置

【实例 14】将正文最后一段分为等宽两栏，栏间加分隔线。

【操作解析】

第一步：选中正文最后一段，不可以选中段落标记符（也可以先将光标定位在正文最后一段的末尾，按住 Enter 键，此时可以选中带段落标记符的整个段落），选择"页面布局"→"页面设置"→"分栏"→"更多分栏"命令，在弹出的"分栏"对话框中选择预设的等宽两栏，并选中分隔线，如图 2-22 所示。

第二步：单击"确定"按钮结束。

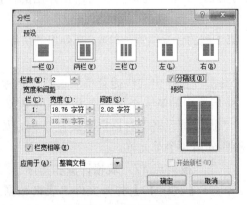

图 2-22　分栏设置

技能点 15　超链接设置

【实例 15】给正文倒数第二段中的文字"比亚迪 F3DM"添加超链接，链接到图片文件 pic3.jpg。

【操作解析】

第一步：选中正文倒数第二段中的文字"比亚迪 F3DM"，选择"插入"→"链接"→"超链接"命令，在弹出的"插入超链接"对话框中选择链接到"现有文件或网页"，设置图片所在路径，选定文件，如图 2-23 所示。

第二步：单击"确定"按钮结束。

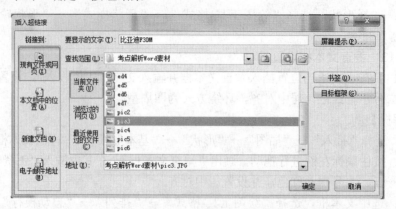

图 2-23 "插入超链接"对话框

技能点 16 表格创建和编辑

【实例 16】打开素材文件"Word2.docx"，插入 4 行 4 列的表格，把第 1 列的第 2、3 个单元格合并为 1 个单元格，并在左侧插入 1 列；删除第 3 列；把最后 1 列的第 3、4 个单元格分别拆分为 2 列。

【操作解析】

第一步：找到 Word2.docx，双击打开，选择"插入"→"表格"→"表格"命令，在下拉列表中选择 4 行 4 列后单击。

第二步：选中第 1 列的第 2、3 个单元格，右击，在弹出的快捷菜单中选择"合并单元格"命令。

第三步：将光标定位在第 1 列的任意位置，右击，在弹出的快捷菜单中选择"插入"→"在左侧插入列"命令。

第四步：选中第 3 列，右击，在弹出的快捷菜单中选择"删除列"命令。

第五步：将光标定位在最后 1 列的第 3 个单元格内，右击，在弹出的快捷菜单中选择"拆分单元格"命令，在弹出的"拆分单元格"对话框中设置 2 列，如图 2-24 所示，单击"确定"按钮结束；重复本步骤拆分第 4 个单元格。

图 2-24 "拆分单元格"对话框

技能点 17 表格计算和排序

【实例 17】打开文件"表格数据.docx"，将文档里的数据转换为 7 行 3 列的表格，在最后插入 1 列，并在第 1 个单元格中输入文字"总分"，计算每位同学的总分；按总分降序排序；所有单元格内容水平居中对齐。

【操作解析】

第一步：打开文件"表格数据.docx"，选中文本，选择"插入"→"表格"→"文本转换成表格"命令，在弹出的"将文字转换成表格"对话框中设置列数为"3"，如图 2-25 所示，单击"确定"按钮结束。

图 2-25　"将文本转换成表格"对话框

第二步：将光标定位在最后 1 列的任意位置，右击，在弹出的快捷菜单中选择"插入"→"在右侧插入列"命令，并在第 1 个单元格中输入文字"总分"。

第三步：将光标定位在最后 1 列的第 2 个单元格，选择"表格工具-布局"→"数据"→"公式"命令，在弹出的"公式"对话框中输入公式"=SUM(LEFT)"，如图 2-26 所示，单击"确定"按钮结束。

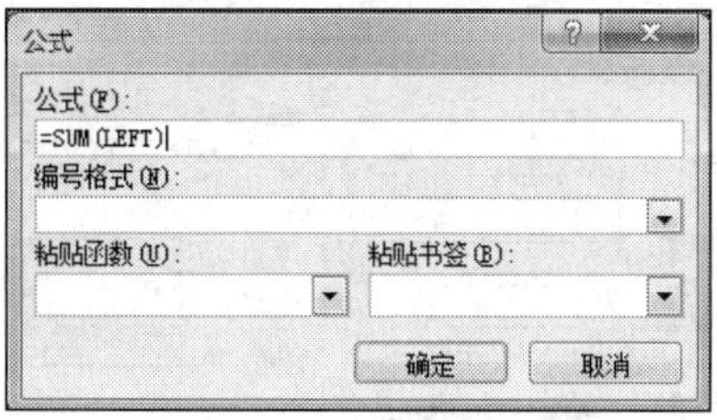

图 2-26　"公式"对话框

第四步：将光标定位在最后 1 列的第 3 个单元格，按 F4 键，复制公式计算第 2 位同学的总分；重复本步骤计算其他同学的总分。

第五步：将光标定位在最后 1 列的任意位置，选择"表格工具-布局"→"数据"→"排序"命令，在弹出的"排序"对话框中点选"有标题行"单选按钮，设置主要关键字为"总分"，并点选"降序"单选按钮，如图 2-27 所示，单击"确定"按钮结束。

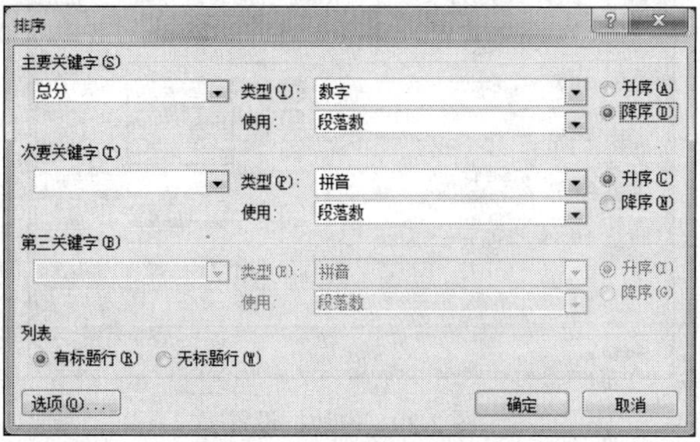

图 2-27　表格排序

第六步：选中整张表格，选择"表格工具-布局"→"对齐方式"→"水平居中"命令。

技能点 18 表格格式设置

【实例 18】设置表格所有行高为 0.8 厘米；设置表格的外边框为深蓝色、1.5 磅的实线，内边框为绿色 1 磅的实线。

【操作解析】

第一步：选中整张表格，选择"表格工具-布局"→"设计"→"表格样式"→"边框和底纹"命令，在弹出的"边框和底纹"对话框中选择"边框"选项卡，首先在右侧预览下取消所有边框，然后设置颜色为"深蓝色"、宽度为"1.5 磅"，最后选择右侧预览按钮中的外框线，如图 2-28 所示。

第二步：继续在第一步中的对话框中进行设置，设置颜色为"绿色"，宽度为"1 磅"，然后选择右侧预览按钮中的内框线，如图 2-29 所示。

第三步：单击"确定"按钮结束。

第四步：选中整张表格，单击"表格工具-布局"→"单元格大小"右侧的对话框启动器按钮，在弹出的"表格属性"对话框中选择"行"选项卡，勾选"指定高度"复选框，并输入具体数据"0.8"，如图 2-30 所示。

第五步：单击"确定"按钮结束。

图 2-28 外边框设置

图 2-29 内边框设置

图 2-30　行高设置

2．真题训练

【真题（一）】

调入考生文件夹中的 ED1.docx 文件，参考样张（图 2-31）按下列要求进行操作。

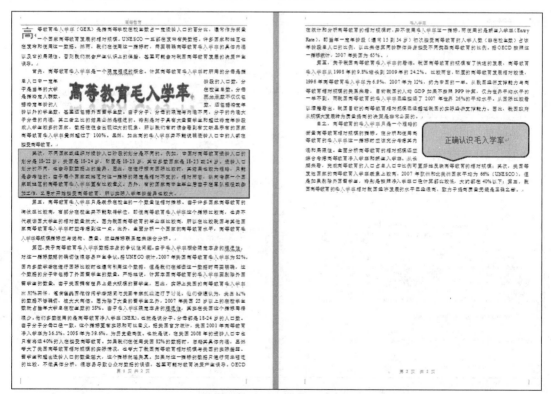

图 2-31　真题（一）参考样张

1）将页面设置为 A4 纸，上、下、左、右页边距均为 2 厘米，每页 45 行，每行 42 个字符。

2）参考样张，在正文适当位置插入艺术字"高等教育毛入学率"，采用"渐变填充-

紫色，强调文字颜色 4，映像"样式，设置艺术字字体格式为隶书、32 字号，形状为"两端远"，环绕方式为四周型。

3）设置正文第一段首字下沉 2 行、距正文 0.2 厘米，首字字体为黑体、红色，其余各段设置为首行缩进 2 字符。

4）为正文第三段设置 1.5 磅蓝色带阴影边框，填充橙色底纹。

5）设置奇数页页眉为"高等教育"，偶数页页眉为"毛入学率"，所有页的页脚为自动图文集"第 X 页 共 Y 页"，均居中显示。

6）将正文中所有的"毛入学率"设置为红色，并加着重号。

7）参考样张，在正文适当位置插入自选图形"圆角矩形标注"，添加文字"正确认识毛入学率"，字号为三号字、深蓝色，设置自选图形格式为浅绿色填充色、轮廓颜色为"黑色，文字 1"、紧密型环绕方式、右对齐。

8）将编辑好的文章以文件名"ED1"、文件类型"Word 文档（*.docx）"，存放于考生文件夹中。

【真题（二）】

调入考生文件夹中的 ED2.docx 文件，参考样张（图 2-32）按下列要求进行操作。

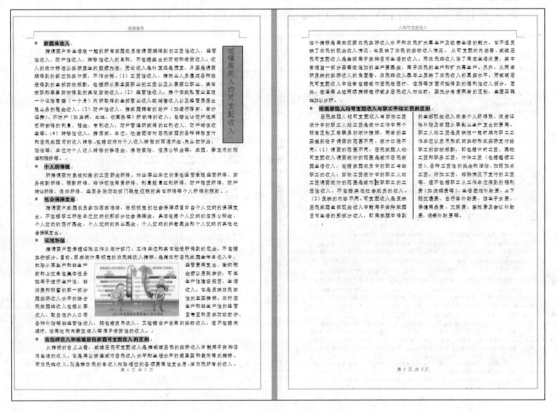

图 2-32　真题（二）参考样张

1）将页面设置为 A4 纸，上、下、左、右页边距均为 2.5 厘米，每页 40 行，每行 38 个字符。

2）在正文适当位置插入垂直文本框"城镇居民人均可支配收入"，设置其字体格式为黑体、三号字、红色，环绕方式为四周型，填充色为浅蓝色。

3）参考样张，给正文中加粗的小标题添加蓝色实心圆项目符号，小标题文字填充浅绿色底纹，设置正文其余段落首行缩进 2 字符（小标题段除外）。

4）设置页面边框：橙色、3 磅、方框。

5）在正文适当位置插入图片 pic2.jpg，设置图片高度、宽度缩放比例均为 50%，环绕方式为四周型。

6）设置奇数页页眉为"城镇居民"，偶数页页眉为"人均可支配收入"，所有页的页脚为自动图文集"第 X 页 共 Y 页"，均居中显示。

7）将正文最后一段分为等宽两栏，栏间加分隔线。

8）将编辑好的文章以文件名"ED2"、文件类型"Word 文档（*.docx）"，存放于考生文件夹中。

【真题（三）】

调入考生文件夹中的 ED3.docx 文件，参考样张（图 2-33）按下列要求进行操作。

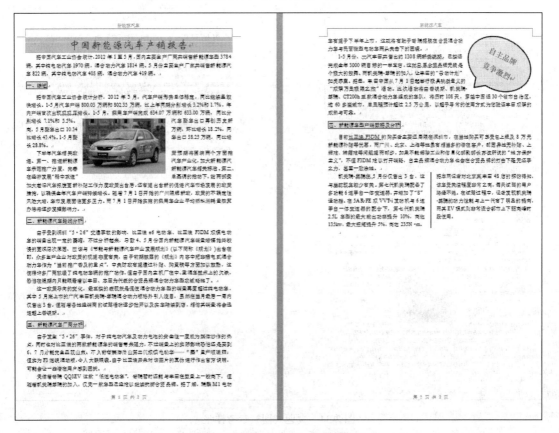

图 2-33　真题（三）参考样张

1）给文章加标题"中国新能源汽车产销报告"，并将标题设置为华文新魏、二号字、红色、居中对齐，标题段填充浅绿色底纹。

2）参考样张，给正文中小标题文字加 1.5 磅红色方框、填充黄色底纹，正文其余段落设置为首行缩进 2 字符（小标题段除外）。

3）参考样张，在正文适当位置以四周型环绕方式插入图片 pic3.jpg，并设置图片高度、宽度缩放比例均为 110%。

4）给正文倒数第二段中的文字"比亚迪 F3DM"加超链接，链接到图片文件 pic3.jpg。

5）将正文最后一段分为等宽的两栏，栏间加分隔线。

6）设置页眉为"新能源汽车"，页脚为自动图文集"第 X 页 共 Y 页"，均居中显示。

7）在正文适当位置插入自选图形"椭圆形标注"，添加文字"自主品牌竞争激烈"，字体颜色为"黑色，文字 1"，字号为三号字，设置自选图形格式为轮廓颜色为"黑色，文字 1"、黄色填充色、紧密型环绕方式、右对齐。

8）将编辑好的文章以文件名"ED3"、文件类型"Word 文档（*.docx）"，存放于考生文件夹中。

【真题（四）】

调入考生文件夹中的 ED4.docx 文件，参考样张（图 2-34）按下列要求进行操作。

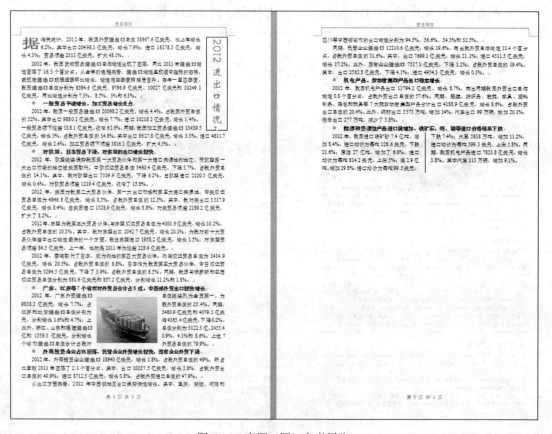

图 2-34　真题（四）参考样张

1）设置正文第一段首字下沉 2 行，首字字体为隶书、红色，其余各段首行缩进 2 字符。

2）参考样张，在正文适当位置插入垂直文本框"2012 进出口情况"，设置其字体格式为华文新魏、二号字、蓝色，环绕方式为四周型，填充色为浅绿色。

3）将正文中所有的"进出口"设置为红色、加粗。

4）参考样张，在正文适当位置插入图片 pic4.jpg，设置图片高度、宽度缩放比例均为

40%，环绕方式为四周型。

　　5）给正文中加粗的小标题文字添加绿色实心圆项目符号。

　　6）将正文最后一段分为等宽两栏，栏间加分隔线。

　　7）设置页眉为"贸易情况"，页脚为自动图文集"第 X 页 共 Y 页"，均居中显示。

　　8）将编辑好的文章以文件名"ED4"、文件类型"Word 文档（*.docx）"，存放于考生文件夹中。

【真题（五）】

　　调入考生文件夹中的 ED5.docx 文件，参考样张（图 2-35）按下列要求进行操作。

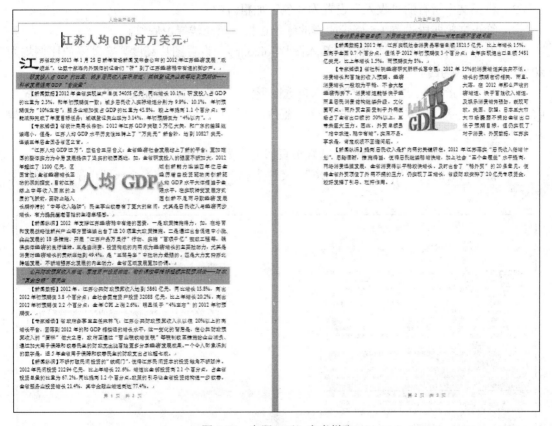

图 2-35 真题（五）参考样张

　　1）给文章加标题"江苏人均 GDP 过万美元"，设置其格式为黑体、二号字、加粗、蓝色、居中对齐，段后间距 1 行。

　　2）设置正文第一段首字下沉 2 行，首字字体为隶书，其余各段首行缩进 2 字符。

　　3）参考样张，在正文适当位置插入艺术字"人均 GDP"，采用"填充-红色，强调文字颜色 2，暖色粗糙棱台"样式，设置其字体格式为隶书、54 字号，环绕方式为紧密型。

　　4）参考样张，为文中斜体字段落设置 1.5 磅橙色方框，填充浅蓝色底纹。

　　5）将正文中所有的"经济"设置为加粗、红色。

　　6）参考样张，在正文适当位置插入图片 pic5.jpg，设置图片高度、宽度缩放比例均为 50%，环绕方式为四周型。

7）设置页眉为"人均生产总值"，页脚为自动图文集"第 X 页　共 Y 页"，均居中显示。

8）将编辑好的文章以文件名"ED5"、文件类型"Word 文档（*.docx）"，存放于考生文件夹中。

【真题（六）】

调入考生文件夹中的 ED6.docx 文件，参考样张（图 2-36）按下列要求进行操作。

1）给文章加标题"人均国民总收入"，设置其字体格式为华文行楷、一号字、加粗、红色，标题段填充灰色-15%底纹，段后间距 1 行，居中显示。

2）设置正文第一段首字下沉 3 行，首字字体为黑体，其余各段设置为首行缩进 2 字符。

3）将正文中所有的"收入"设置为蓝色、加粗。

4）给正文第四段设置 1.5 磅带阴影的绿色边框，填充浅绿色底纹。

5）参考样张，在正文适当位置插入图片 pic6.jpg，设置图片高度、宽度缩放比例均为50%，环绕方式为四周型。

6）参考样张，在正文适当位置插入自选图形"云形标注"，添加文字"中国人均国民总收入"，设置其字体格式为黑体、三号字、蓝色，设置自选图形格式为金色填充色、紧密型环绕方式、右对齐。

7）设置奇数页页眉为"GNI"，偶数页页眉为"人均国民总收入"。

8）将编辑好的文章以文件名"ED6"、文件类型"Word 文档（*.docx）"，存放于考生文件夹中。

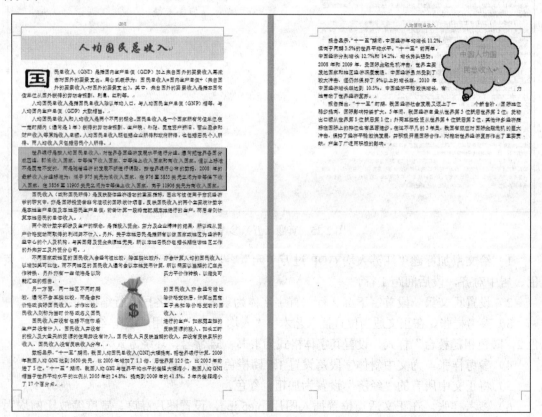

图 2-36　真题（六）参考样张

【真题（七）】

调入考生文件夹中的 ED7.docx 文件，参考样张（图 2-37）按下列要求进行操作。

1）将页面设置为 A4 纸，上、下、左、右页边距均为 2 厘米，每页 43 行，每行 42 个字符。

2）给文章加标题"GDP 简介"，设置其字体格式为华文新魏、一号字、加粗、橙色，字符间距缩放 200%，居中显示。

3）给正文最后 3 段加蓝色菱形项目符号，正文其余段落设置为首行缩进 2 字符。

4）参考样张，在正文适当位置插入艺术字"国内生产总值"，采用"填充-蓝色，强调文字颜色 1，塑料棱台，映像"样式，设置艺术字字体格式为隶书、48 字号，环绕方式为紧密型，居中显示。

5）将正文中所有的"GDP"设置为红色、加粗。

6）参考样张，为正文第四段设置 1.5 磅深蓝色带阴影边框，填充浅绿色底纹。

7）在正文适当位置插入自选图形"矩形标注"，添加文字"GDP 指标分析"，字号为三号字、绿色，设置自选图形格式为黄色填充色、紧密型环绕方式、右对齐、轮廓颜色为"黑色，文字 1"。

8）将编辑好的文章以文件名"ED7"、文件类型"Word 文档（*.docx）"，存放于考生文件夹中。

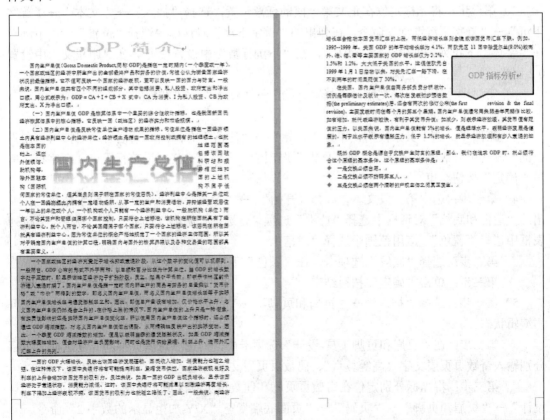

图 2-37　真题（七）参考样张

3. 真题解析

【真题（一）操作解析】

1）第一步：单击"页面布局"→"页面设置"右侧的对话框启动器按钮，在弹出的"页面设置"对话框中选择"纸张"选项卡，选择 A4 纸型。

第二步：选择"页边距"选项卡，设置上、下、左、右页边距分别为 2 厘米。

第三步：选择"文档网格"选项卡，点选"指定行和字符网格"单选按钮，设置每页 45 行，每行 42 字符。

第四步：单击"确定"按钮结束。

2）第一步：参考样张，将光标定位在正文适当位置，选择"插入"→"文本"→"艺术字"→"渐变填充-紫色，强调文字颜色 4，映像"命令。

第二步：输入文字"高等教育毛入学率"，选中艺术字文字，选择"开始"→"字体"→"隶书"、"32"命令。

第三步：选中艺术字，选择"绘图工具-格式"→"艺术字样式"→"文本效果"→"转换"→"两端远"命令。

第四步：选中艺术字，选择"绘图工具-格式"→"排列"→"自动换行"→"四周型环绕"命令。

3）第一步：将光标定位在正文第一段的任意位置，选择"插入"→"文本"→"首字下沉"→"首字下沉选项"命令，在弹出的"首字下沉"对话框中选择"位置"为"下沉"，在"字体"下拉列表框中选择"黑体"，在"下沉行数"中设置 2 行，在"距正文"中设置 0.2 厘米。

第二步：选中下沉文字，选择"开始"→"字体"→"红色"命令。

第三步：单击"确定"按钮结束。

第四步：选中其余段落，单击"开始"→"段落"右侧的对话框启动器按钮，在弹出的"段落"对话框中选择"缩进和间距"选项卡，设置特殊格式为首行缩进 2 个字符，单击"确定"按钮结束。

4）第一步：选中第三段文本，选择"开始"→"段落"→"边框和底纹"命令，在弹出的"边框和底纹"对话框中选择"边框"选项卡，选择"阴影"选项，在"颜色"下拉列表框中选择"蓝色"，应用范围中选择"段落"。

第二步：选择"底纹"选项卡，在"颜色"下拉列表框中选择"橙色"。

第三步：单击"确定"按钮结束。

5）第一步：选择"插入"→"页眉和页脚"→"页眉"→"编辑页眉"命令，进入页眉编辑状态。

第二步：在"页眉和页脚工具-设计"选项卡中，勾选"奇偶页不同"复选框，然后分别输入奇数页页眉文字"高等教育"、偶数页页眉文字"毛入学率"，居中对齐。

第三步：将光标分别定位在奇数页页脚和偶数页页脚区域，选择"页眉和页脚工具-设计"→"页眉和页脚"→"页码"→"页面底端"→"X/Y-加粗显示的数字 2"命令。

第四步：在第一个数字前输入文字"第"，删除第一个数字后面的"/"，并同时输入"页 共"，在第 2 个数字后面输入"页"，保持文字格式相同，居中对齐。

第五步：选择"页眉和页脚工具-设计"→"关闭"→"关闭页眉和页脚"命令。

6）第一步：将光标定位在正文中第一个"毛入学率"，并选中该"毛入学率"，选择"开始"→"编辑"→"替换"命令，弹出"查找和替换"对话框。

第二步：选择"替换"选项卡，此时"查找内容"框中已有"毛入学率"，如果没有则手动输入。

第三步：在"替换为"框中输入"毛入学率"，并单击"更多"按钮，设置"搜索"范围为"向下"。

第四步：将光标定位在"替换为"框中，然后单击"格式"按钮，选择"字体"命令，弹出的对话框应为"替换字体"对话框，设置字体颜色为红色，选择着重号，单击"确定"按钮返回"查找和替换"对话框。

第五步：在"查找和替换"对话框中检查字体的设置要求是否在"替换为"框的下方，如果是，则单击"全部替换"按钮，关闭此对话框，否则重新设置并取消查找内容的限定格式。

7）第一步：参考样张，将光标定位在正文适当位置，选择"插入"→"插图"→"形状"→"标注"→"圆角矩形标注"命令。

第二步：按住鼠标左键进行拖动，画出"圆角矩形标注"自选图形，输入文字"正确认识毛入学率"，并设置文字格式为深蓝色、三号字。

第三步：选中自选图形，选择"绘图工具-格式"→"形状样式"→"形状填充"→"浅绿色"命令；选择"绘图工具-格式"→"形状样式"→"形状轮廓"→"黑色，文字1"命令；选择"绘图工具-格式"→"排列"→"自动换行"→"紧密型环绕"命令；选择"绘图工具-格式"→"排列"→"位置"→"其他布局选项"命令，在弹出的"布局"对话框中选择"位置"选项卡，设置水平对齐方式为"右对齐"。

8）单击标题栏上的"保存"命令图标。

【真题（二）操作解析】

1）第一步：单击"页面布局"→"页面设置"右侧的对话框启动器按钮，在弹出的"页面设置"对话框中选择"纸张"选项卡，选择A4纸型。

第二步：选择"页边距"选项卡，设置上、下、左、右页边距分别为2.5厘米。

第三步：选择"文档网格"选项卡，点选"指定行和字符网格"单选按钮，设置每页40行，每行38字符。

第四步：单击"确定"按钮结束。

2）第一步：参考样张，将光标定位在正文适当位置，选择"插入"→"插图"→"形状"→"基本形状"→"垂直文本框"命令。

第二步：按住鼠标左键进行拖动，画出"垂直文本框"自选图形，输入文字"城镇居民人均可支配收入"，并设置文字格式为黑体、三号字、红色。

第三步：选中垂直文本框，选择"绘图工具-格式"→"形状样式"→"形状填充"→"浅蓝色"命令；选择"绘图工具-格式"→"排列"→"自动换行"→"四周型环绕"命令。

3）第一步：将光标定位在左侧空白区域单击，按住Ctrl键依次选中文档中的小标题。

第二步：选择"开始"→"段落"→"项目符号"下拉列表中的黑色实心圆项目符

号命令。

　　第三步：继续选择"开始"→"段落"→"项目符号"下拉列表中的"定义新项目符号"命令，在弹出的"定义新项目符号"对话框中单击"字体"按钮，弹出"字体"对话框，在其中设置字体颜色为"蓝色"；两次单击"确定"按钮结束。

　　第四步：保持选中状态，选择"开始"→"段落"→"边框和底纹"命令，在弹出的"边框和底纹"对话框中选择"底纹"选项卡，设置填充色为"浅绿色"。

　　第五步：单击"确定"按钮结束。

　　第六步：将光标定位在左侧空白区域单击，按住 Ctrl 键依次选中文档中除小标题以外的段落。

　　第七步：单击"开始"→"段落"右侧对话框的启动器按钮，在弹出的"段落"对话框中选择"缩进和间距"选项卡，设置特殊格式为首行缩进 2 个字符，单击"确定"按钮结束。

　　4）第一步：将光标定位在文档任意位置，选择"开始"→"段落"→"边框和底纹"命令，在弹出的"边框和底纹"对话框中选择"页面边框"选项卡，选择"方框"类型，选择颜色为"橙色"，选择宽度为"3.0 磅"。

　　第二步：单击"确定"按钮结束。

　　5）第一步：参考样张，将光标定位在正文适当位置，选择"插入"→"插图"→"图片"命令，在弹出的"插入图片"对话框中设置素材所在路径，选定文件"pic2.jpg"，单击"插入"按钮结束。

　　第二步：选中图片，右击，在弹出的快捷菜单中选择"大小和位置"命令，在弹出的"布局"对话框中设置缩放 50%，单击"确定"按钮结束。

　　第三步：选择"图片工具-格式"→"排列"→"自动换行"→"四周型环绕"命令。

　　6）第一步：选择"插入"→"页眉和页脚"→"页眉"→"编辑页眉"命令，进入页眉编辑状态。

　　第二步：在"页眉和页脚工具-设计"选项卡中，勾选"奇偶页不同"复选框，然后分别输入奇数页页眉文字"城镇居民"、偶数页页眉文字"人均可支配收入"，居中对齐。

　　第三步：将光标分别定位在奇数页页脚和偶数页页脚区域，选择"页眉和页脚工具-设计"→"页眉和页脚"→"页码"→"页面底端"→"X/Y-加粗显示的数字 2"命令。

　　第四步：在第一个数字前输入文字"第"，删除第一个数字后面的"/"，并同时输入"页　共"，在第 2 个数字后面输入"页"，保持文字格式相同，居中对齐。

　　第五步：选择"页眉和页脚工具-设计"→"关闭"→"关闭页眉和页脚"命令。

　　7）第一步：选中正文最后一段，不可以选中段落标记符（也可以先将光标定位在正文最后一段的末尾，按 Enter 键，此时可以选中带段落标记符的整个段落），选择"页面布局"→"页面设置"→"分栏"→"更多分栏"命令，在弹出的"分栏"对话框中选择预设的等宽两栏，并选中分隔线。

　　第二步：单击"确定"按钮结束。

　　8）单击标题栏上的"保存"命令图标。

【真题（三）操作解析】

　　1）第一步：将光标定位在正文开始（第一个字符之前），输入该标题文字"中国新能源汽车产销报告"后按 Enter 键。

第二步：选中该标题文字，选择"开始"→"字体"→"华文新魏、二号、红色"命令，选择"开始"→"段落"→"居中对齐"命令。

第三步：选中该标题文字，选择"开始"→"段落"→"边框和底纹"命令，在弹出的"边框和底纹"对话框中选择"底纹"选项卡，在"填充"颜色中选择"浅绿色"，在"应用于"下拉列表框中选择"段落"，单击"确定"按钮结束。

2）第一步：将光标定位在左侧空白区域单击，按住 Ctrl 键依次选中文档中的小标题。

第二步：选择"开始"→"段落"→"边框和底纹"命令，在弹出的"边框和底纹"对话框中选择"边框"选项卡，选择"方框"选项，在"颜色"下列列表中选择"红色"，选择宽度为"1.5 磅"，应用范围中选择"文字"。

第三步：继续选择"底纹"选项卡，设置填充色为"黄色"。

第四步：单击"确定"按钮结束。

第五步：将光标定位在左侧空白区域单击，按住 Ctrl 键依次选中文档中除小标题以外的段落。

第六步：单击"开始"→"段落"右侧的对话框启动器按钮，在弹出的"段落"对话框中选择"缩进和间距"选项卡，设置特殊格式为首行缩进 2 个字符，单击"确定"按钮结束。

3）第一步：参考样张，将光标定位在正文适当位置，选择"插入"→"插图"→"图片"命令，在弹出的"插入图片"对话框中设置素材所在路径，选定文件"pic3.jpg"，单击"插入"按钮结束。

第二步：选中图片，右击，在弹出的快捷菜单中选择"大小和位置"命令，在弹出的"布局"对话框中设置缩放 110%，单击"确定"按钮结束。

第三步：选择"图片工具-格式"→"排列"→"自动换行"→"四周型环绕"命令。

4）第一步：选中正文倒数第二段中的文字"比亚迪 F3DM"。

第二步：选择"插入"→"链接"→"超链接"命令，在弹出的"插入超链接"对话框中设置素材文件所在路径，选定文件"pic3.jpg"。

第三步：单击"确定"按钮结束。

5）第一步：选中正文最后一段，不可以选中段落标记符（也可以先将光标定位在正文最后一段的末尾，按 Enter 键，此时可以选中带段落标记符的整个段落），选择"页面布局"→"页面设置"→"分栏"→"更多分栏"命令，在弹出的"分栏"对话框中选择预设的等宽两栏，并选中分隔线。

第二步：单击"确定"按钮结束。

6）第一步：选择"插入"→"页眉和页脚"→"页眉"→"编辑页眉"命令，进入页眉编辑状态。

第二步：输入页眉文字"新能源汽车"，居中对齐。

第三步：将光标定位在页脚区域，选择"页眉和页脚工具-设计"→"页眉和页脚"→"页码"→"页面底端"→"X/Y-加粗显示的数字 2"命令。

第四步：在第一个数字前输入文字"第"，删除第一个数字后面的"/"，并同时输入"页　共"，在第 2 个数字后面输入"页"，保持文字格式相同，居中对齐。

第五步：选择"页眉和页脚工具-设计"→"关闭"→"关闭页眉和页脚"命令。

7）第一步：参考样张，将光标定位在正文适当位置，选择"插入"→"插图"→"形状"→"标注"→"椭圆形标注"命令。

第二步：按住鼠标左键进行拖动，画出"椭圆形标注"自选图形，输入文字"自主品牌竞争激烈"，并设置文字格式为三号字。

第三步：选中自选图形，选择"绘图工具-格式"→"形状样式"→"形状填充"→"黄色"命令；选择"绘图工具-格式"→"形状样式"→"形状轮廓"→"黑色，文字 1"命令；选择"绘图工具-格式"→"排列"→"自动换行"→"紧密型环绕"命令；选择"绘图工具-格式"→"排列"→"位置"→"其他布局选项"命令，在弹出的"布局"对话框中选择"位置"选项卡，设置水平对齐方式为"右对齐"。

8）单击标题栏上的"保存"命令图标。

【真题（四）操作解析】

1）第一步：将光标定位在正文第一段的任意位置，选择"插入"→"文本"→"首字下沉"→"首字下沉选项"命令，在弹出的"首字下沉"对话框中选择"位置"为"下沉"，在"字体"下拉列表框中选择"隶书"，下沉行数中设置"2 行"。

第二步：选中下沉文字，选择"开始"→"字体"→"红色"命令。

第三步：单击"确定"按钮结束。

第四步：选中其余段落，单击"开始"→"段落"右侧的对话框启动器按钮，在弹出的"段落"对话框中选择"缩进和间距"选项卡，设置特殊格式为首行缩进 2 个字符，单击"确定"按钮结束。

2）第一步：参考样张，将光标定位在正文适当位置，选择"插入"→"插图"→"形状"→"基本形状"→"垂直文本框"命令。

第二步：按住鼠标左键进行拖动，画出"垂直文本框"自选图形，输入文字"2012进出口情况"，并设置文字格式为华文新魏、二号、蓝色。

第三步：选中垂直文本框，选择"绘图工具-格式"→"形状样式"→"形状填充"→"浅绿色"命令；选择"绘图工具-格式"→"排列"→"自动换行"→"四周型环绕"命令。

3）第一步：将光标定位在正文中第一个"进出口"，并选中该"进出口"，选择"开始"→"编辑"→"替换"命令，弹出"查找和替换"对话框。

第二步：选择"替换"选项卡，此时"查找内容"框中已有"进出口"，如果没有则手动输入。

第三步：在"替换为"框中输入"进出口"，并单击"更多"按钮，设置"搜索"范围为"向下"。

第四步：将光标定位在"替换为"框中，然后单击"格式"按钮，选择"字体"命令，弹出的对话框应为"替换字体"对话框，设置字体颜色为红色、加粗，单击"确定"按钮返回"查找和替换"对话框。

第五步：在"查找和替换"对话框中检查字体的设置要求是否在"替换为"框的下方，如果是，则单击"全部替换"按钮，关闭此对话框，否则重新设置并取消查找内容的限定格式。

4）第一步：参考样张，将光标定位在正文适当位置，选择"插入"→"图片"命令，在弹出的"插入图片"对话框中设置素材所在路径，选定文件"pic4.jpg"，单击"插入"按钮结束。

第二步：选中图片，右击，在弹出的快捷菜单中选择"大小和位置"命令，在弹出的"布局"对话框中设置缩放 40%，单击"确定"按钮结束。

第三步：选择"图片工具-格式"→"排列"→"自动换行"→"四周型环绕"命令。

5）第一步：将光标定位在左侧空白区域单击，按住 Ctrl 键依次选中文档中的小标题。

第二步：选择"开始"→"段落"→"项目符号"下拉列表中的黑色实心圆项目符号命令。

第三步：继续选择"开始"→"段落"→"项目符号"下拉列表中的"定义新项目符号"命令，在弹出的"定义新项目符号"对话框中单击"字体"按钮，弹出"字体"对话框，在其中设置字体颜色为"绿色"；两次单击"确定"按钮结束。

6）第一步：选中正文最后一段，不可以选中段落标记符（也可以先将光标定位在正文最后一段的末尾，按 Enter 键，此时可以选中带段落标记符的整个段落），选择"页面布局"→"页面设置"→"分栏"→"更多分栏"命令，在弹出的"分栏"对话框中选择预设的等宽两栏，并选中分隔线。

第二步：单击"确定"按钮结束。

7）第一步：选择"插入"→"页眉和页脚"→"页眉"→"编辑页眉"命令，进入页眉编辑状态。

第二步：输入页眉文字"贸易情况"，居中对齐。

第三步：将光标定位在页脚区域，选择"页眉和页脚工具-设计"→"页眉和页脚"→"页码"→"页面底端"→"X/Y-加粗显示的数字 2"命令。

第四步：在第一个数字前输入文字"第"，删除第一个数字后面的"/"，并同时输入"页 共"，在第 2 个数字后面输入"页"，保持文字格式相同，居中对齐。

第五步：选择"页眉和页脚工具-设计"→"关闭"→"关闭页眉和页脚"命令。

8）单击标题栏上的"保存"命令图标。

【真题（五）操作解析】

1）第一步：将光标定位在正文开始（第一个字符之前），输入该标题文字"江苏人均GDP 过万美元"后按 Enter 键。

第二步：选中该标题文字，选择"开始"→"字体"→"黑体、二号、加粗、蓝色"命令，选择"开始"→"段落"→"居中对齐"命令。

第三步：将光标定位在标题段，单击"开始"→"段落"右侧的对话框启动器按钮，在弹出的"段落"对话框中选择"缩进和间距"选项卡，设置段后间距 1 行，单击"确定"按钮结束。

2）第一步：将光标定位在正文第一段的任意位置，选择"插入"→"文本"→"首字下沉"→"首字下沉选项"命令，在弹出的"首字下沉"对话框中选择"位置"为"下沉"，在"字体"下拉列表框中选择"隶书"，下沉行数中设置"2 行"。

第二步：单击"确定"按钮结束。

第三步：选中其余段落，单击"开始"→"段落"右侧的对话框启动器按钮，在弹出的"段落"对话框中选择"缩进和间距"选项卡，设置特殊格式为首行缩进2个字符。

第四步：单击"确定"按钮结束。

3）第一步：参考样张，将光标定位在正文适当位置，选择"插入"→"文本"→"艺术字"→"渐变填充-红色，强调文字颜色2，暖色粗糙棱台"命令。

第二步：输入文字"人均 GDP"并删除左侧的空格，选中艺术字文字，选择"开始"→"字体"→"隶书、54"命令。

第三步：选中艺术字，选择"绘图工具-格式"→"排列"→"自动换行"→"紧密型环绕"命令。

4）第一步：选中斜体字段落，选择"开始"→"段落"→"边框和底纹"命令，在弹出的"边框和底纹"对话框中选择"边框"选项卡，选择"方框"选项，在"颜色"下拉列表框中选择"橙色"，应用范围中选择"段落"。

第二步：选择"底纹"选项卡，在"颜色"下拉列表框中选择"浅蓝色"。

第三步：单击"确定"按钮结束。

5）第一步：将光标定位在正文中第一个"经济"，并选中该"经济"，选择"开始"→"编辑"→"替换"命令，弹出"查找和替换"对话框。

第二步：选择"替换"选项卡，此时"查找内容"框中已有"经济"，如果没有则手动输入。

第三步：在"替换为"框中输入"经济"，并单击"更多"按钮，设置"搜索"范围为"向下"。

第四步：将光标定位在"替换为"框中，然后单击"格式"按钮，选择"字体"命令，弹出的对话框应为"替换字体"对话框，设置字体颜色为红色、加粗，单击"确定"按钮返回"查找和替换"对话框。

第五步：在"查找和替换"对话框中检查字体的设置要求是否在"替换为"框的下方，如果是，则单击"全部替换"按钮，关闭此对话框，否则重新设置并取消查找内容的限定格式。

6）第一步：参考样张，将光标定位在正文适当位置，选择"插入"→"插图"→"图片"命令，在弹出的"插入图片"对话框中设置素材所在路径，选定文件"pic5.jpg"，单击"插入"按钮结束。

第二步：选中图片，右击，在弹出的快捷菜单中选择"大小和位置"命令，在弹出的"布局"对话框中设置缩放50%，单击"确定"按钮结束。

第三步：选择"图片工具-格式"→"排列"→"自动换行"→"四周型环绕"命令。

7）第一步：选择"插入"→"页眉和页脚"→"页眉"→"编辑页眉"命令，进入页眉编辑状态。

第二步：输入页眉文字"人均生产总值"，居中对齐。

第三步：将光标定位在页脚区域，选择"页眉和页脚工具-设计"→"页眉和页脚"→"页码"→"页面底端"→"X/Y-加粗显示的数字2"命令。

第四步：在第一个数字前输入文字"第"，删除第一个数字后面的"/"，并同时输入"页 共"，在第2个数字后面输入"页"，保持文字格式相同，居中对齐。

第五步：选择"页眉和页脚工具-设计"→"关闭"→"关闭页眉和页脚"命令。

8）单击标题栏上的"保存"命令图标。

【真题（六）操作解析】

1）第一步：将光标定位在正文开始（第一个字符之前），输入该标题文字"人均国民收入"后按 Enter 键。

第二步：选中该标题文字，选择"开始"→"字体"→"华文行楷、一号、加粗、红色"命令，选择"开始"→"段落"→"居中对齐"命令。

第三步：将光标定位在标题段，单击"开始"→"段落"右侧的对话框启动器按钮，在弹出的"段落"对话框中选择"缩进和间距"选项卡，设置段后间距 1 行，单击"确定"按钮结束。

第四步：选中该标题文字，选择"开始"→"段落"→"边框和底纹"命令，在弹出的"边框和底纹"对话框中选择"底纹"选项卡，在图案样式中选择"15%"，在"应用于"下拉框中选择"段落"，单击"确定"按钮结束。

2）第一步：将光标定位在正文第一段的任意位置，选择"插入"→"文本"→"首字下沉"→"首字下沉选项"命令，在弹出的"首字下沉"对话框中选择"位置"为"下沉"，在"字体"下拉列表框中选择"黑体"，下沉行数选择"3 行"。

第二步：单击"确定"按钮结束。

第三步：选中其余段落，单击"开始"→"段落"右侧的对话框启动器按钮，在弹出的"段落"对话框中选择"缩进和间距"选项卡，设置特殊格式为首行缩进 2 个字符。

第四步：单击"确定"按钮结束。

3）第一步：将光标定位在正文中第一个"收入"，并选中该"收入"，选择"开始"→"编辑"→"替换"命令，弹出"查找和替换"对话框。

第二步：选择"替换"选项卡，此时"查找内容"框中已有"收入"，如果没有则手动输入。

第三步：在"替换为"框中输入"收入"，并单击"更多"按钮，设置"搜索"范围为"向下"。

第四步：将光标定位在"替换为"框中，然后单击"格式"按钮，选择"字体"命令，弹出的对话框应为"替换字体"对话框，设置字体颜色为蓝色、加粗，单击"确定"按钮返回"查找和替换"对话框。

第五步：在"查找和替换"对话框中检查字体的设置要求是否在"替换为"框的下方，如果是，则单击"全部替换"按钮，关闭此对话框，否则重新设置并取消查找内容的限定格式。

4）第一步：选中第四段文本，选择"开始"→"段落"→"边框和底纹"命令，在弹出的"边框和底纹"对话框中选择"边框"选项卡，选择"阴影"选项，在"颜色"下拉列表框中选择"绿色"，应用范围中选择"段落"。

第二步：选择"底纹"选项卡，在"颜色"下拉列表框中选择"浅绿色"。

第三步：单击"确定"按钮结束。

5）第一步：参考样张，将光标定位在正文适当位置，选择"插入"→"插图"→"图片"命令，在弹出的"插入图片"对话框中设置素材所在路径，选定文件"pic6.jpg"，单击"插入"按钮结束。

第二步：选中图片，右击，在弹出的快捷菜单中选择"大小和位置"命令，在弹出的"布局"对话框中设置缩放 50%，单击"确定"按钮结束。

第三步：选择"图片工具-格式"→"排列"→"自动换行"→"四周型环绕"命令。

6）第一步：参考样张，将光标定位在正文适当位置，选择"插入"→"插图"→"形状"→"标注"→"云形标注"命令。

第二步：按住鼠标左键进行拖动，画出"云形标注"自选图形，输入文字"中国人均总收入"，并设置文字格式为黑体、三号、蓝色。

第三步：选中自选图形，选择"绘图工具-格式"→"形状样式"→"形状填充"→"橙色"命令；选择"绘图工具-格式"→"形状样式"→"形状轮廓"→"黑色，文字 1"命令；选择"绘图工具-格式"→"排列"→"自动换行"→"紧密型环绕"命令；选择"绘图工具-格式"→"排列"→"位置"→"其他布局选项"命令，在弹出的"布局"对话框中选择"位置"选项卡，设置水平对齐方式为"右对齐"。

7）第一步：选择"插入"→"页眉和页脚"→"页眉"→"编辑页眉"命令，进入页眉编辑状态。

第二步：在"页眉和页脚工具-设计"选项卡中，勾选"奇偶页不同"复选框，然后分别输入奇数页页眉文字"GNI"、偶数页页眉文字"人均国民总收入"，居中对齐。

第三步：选择"页眉和页脚工具-设计"→"关闭"→"关闭页眉和页脚"命令。

8）单击标题栏上的"保存"命令图标。

【真题（七）操作解析】

1）第一步：单击"页面布局"→"页面设置"右侧的对话框启动器按钮，在弹出的"页面设置"对话框中选择"纸张"选项卡，选择 A4 纸型。

第二步：选择"页边距"选项卡，设置上、下、左、右页边距分别为 2 厘米。

第三步：选择"文档网格"选项卡，勾选"指定行和字符网格"复选框，设置每页 43 行，每行 42 字符。

第四步：单击"确定"按钮结束。

2）第一步：将光标定位在正文开始（第一个字符之前），输入该标题文字"GDP 简介"后按 Enter 键。

第二步：选中该标题文字，选择"开始"→"字体"→"华文新魏、一号、加粗、橙色"命令，选择"开始"→"段落"→"居中对齐"命令。

第三步：保持选中状态，单击"开始"→"字体"右侧的对话框启动器按钮，在弹出的"字体"对话框中选择"高级"选项卡，设置字符间距缩放 200%。

第四步：单击"确定"按钮结束。

3）第一步：将光标定位在左侧空白区域单击，按住 Ctrl 键依次选中文档中的小标题。

第二步：选择"开始"→"段落"→"项目符号"下拉列表中的黑色菱形项目符号命令。

第三步：继续选择"开始"→"段落"→"项目符号"下拉列表中的"定义新项目符号"命令，在弹出的"定义新项目符号"对话框中单击"字体"按钮，弹出"字体"对话框，在其中设置字体颜色为"蓝色"；两次单击"确定"按钮结束。

第四步：选中其余段落，单击"开始"→"段落"右侧的对话框启动器按钮，在弹出的"段落"对话框中选择"缩进和间距"选项卡，设置特殊格式为首行缩进 2 个字符。

第五步：单击"确定"按钮结束。

4）第一步：参考样张，将光标定位在正文适当位置，选择"插入"→"文本"→"艺术字"→"填充-蓝色，强调文字颜色 1，塑料棱台，映像"命令。

第二步：输入文字"国内生产总值"并删除左侧的空格，选中艺术字文字，选择"开始"→"字体"→"隶书、48"命令。

第三步：选中艺术字，选择"绘图工具-格式"→"排列"→"自动换行"→"紧密型环绕"命令。

第四步：选择"绘图工具-格式"→"排列"→"位置"→"其他布局选项"命令，在弹出的"布局"对话框中设置水平对齐方式为"居中"。

第五步：单击"确定"按钮结束。

5）第一步：将光标定位在正文中第一个"GDP"，并选中该"GDP"，选择"开始"→"编辑"→"替换"命令，弹出"查找和替换"对话框。

第二步：选择"替换"选项卡，此时"查找内容"框中已有"GDP"，如果没有则手动输入。

第三步：在"替换为"框中输入"GDP"，并单击"更多"按钮，设置"搜索"范围为"向下"。

第四步：将光标定位在"替换为"框中，然后单击"格式"按钮，选择"字体"命令，弹出的对话框应为"替换字体"对话框，设置字体颜色为红色、加粗，单击"确定"按钮返回"查找和替换"对话框。

第五步：在"查找和替换"对话框中检查字体的设置要求是否在"替换为"框的下方，如果是，则单击"全部替换"按钮，关闭此对话框，否则重新设置并取消查找内容的限定格式。

6）第一步：选中第四段文本，选择"开始"→"段落"→"边框和底纹"命令，在弹出的"边框和底纹"对话框中选择"边框"选项卡，选择"阴影"选项，在"颜色"下拉列表框中选择"深蓝色"，应用范围中选择"段落"。

第二步：选择"底纹"选项卡，在"颜色"下拉列表框中选择"浅绿色"。

第三步：单击"确定"按钮结束。

7）第一步：参考样张，将光标定位在正文适当位置，选择"插入"→"插图"→"形状"→"标注"→"云形标注"命令。

第二步：按住鼠标左键进行拖动，画出"矩形标注"自选图形，输入文字"GDP 指标分析"，并设置文字格式为三号、绿色。

第三步：选中自选图形，选择"绘图工具-格式"→"形状样式"→"形状填充"→"黄色"命令；选择"绘图工具-格式"→"形状样式"→"形状轮廓"→"黑色，文字 1"命令；选择"绘图工具-格式"→"排列"→"自动换行"→"紧密型环绕"命令；选择"绘图工具-格式"→"排列"→"位置"→"其他布局选项"命令，在弹出的"布局"对话框中选择"位置"选项卡，设置水平对齐方式为"右对齐"。

8）单击标题栏上的"保存"命令图标。

项目 3　Excel 电子表格制作

1. 考点解析

技能点 1　Word 文档数据导入

【实例 1】将"工资数据源.docx"中表格数据转换到 Excel 工作表中，要求数据自第 2 行第 1 列开始存放，工作表命名为"工资数据源"。

【操作解析】

第一步：在素材文件夹中找到"工资数据源.docx"双击打开之，选中表格数据并复制。

第二步：启动 Excel 程序，选中工作表 Sheet1 中 A2 单元格，"粘贴"即可。

第三步：双击工作表名"Sheet1"，将其重命名为"工资数据源"。

技能点 2　文本文件数据导入

【实例 2】将"商品销售统计.txt"文件中的内容转换为 Excel 工作表，要求自第 1 行第 1 列开始存放，工作表命名为"商品销售统计"。

【操作解析】

第一步：启动 Excel 程序，选择"数据"→"获取外部数据"→"自文本"命令，在弹出的"导入文本文件"对话框（图 3-1）中，选择素材文件夹中的"商品销售统计.txt"文件，单击"导入"按钮。

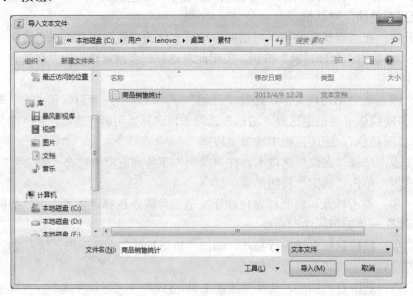

图 3-1　"导入文本文件"对话框

第二步：在弹出的"文本导入向导"对话框中按需要分行分列完成数据导入，如图 3-2 所示。

第三步：单击"完成"按钮，在弹出的"导入数据"对话框中选择数据放置位置为 A1 单元格，如图 3-3 所示，单击"确定"按钮完成数据导入。

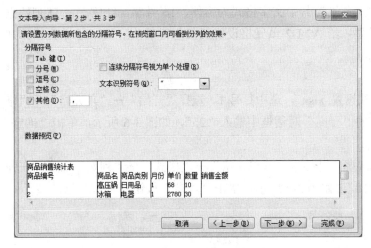

图 3-2 "文本导入向导"对话框   图 3-3 "导入数据"对话框

技能点 3 数据库数据导入

【实例 3】将"销售员销售记录.dbf"文件中的内容转换为 Excel 工作表,要求自第 1 行第 1 列开始存放。

【操作解析】

第一步:启动 Excel 程序,选择"数据"→"获取外部数据"→"自 Access"命令,在弹出的"导入文本文件"对话框中选择文件类型为"所有文件",选定素材文件夹中的"销售员销售记录.dbf"文件,如图 3-4 所示,单击"打开"按钮。

第二步:在弹出的"导入数据"对话框中选择数据放置位置为 A1 单元格,如图 3-5 所示,单击"确定"按钮完成数据导入。

图 3-4 导入数据库文件   图 3-5 导入数据

技能点 4 单元格格式设置

【实例 4】在"单元格格式设置. xlsx"中将第 1 行行高设置为 25,A~D 列列宽设置为

10；标题在 A～D 列跨列居中，并设置其中文字格式为黑体、16 号字、红色；将 D 列数据设置为带 2 位小数的百分比类型；给 A2:D2 单元格设置浅蓝色背景；给 A2:D5 单元格添加最粗外边框线、最细内边框线。

【操作解析】

第一步：打开"单元格格式设置. xlsx"，选中行号 1，选择"开始"→"单元格"→"格式"→"行高"命令，在弹出的"行高"对话框中输入"25"，如图 3-6 所示，单击"确定"按钮。

第二步：选中 A～D 列，选择"开始"→"单元格"→"格式"→"列宽"命令，在弹出的"列宽"对话框中输入"10"，如图 3-7 所示，单击"确定"按钮。

图 3-6　行高设置　　　　　　　　　图 3-7　列宽设置

第三步：选中 A1:D1 单元格，单击"开始"→"对齐方式"右侧的"设置单元格格式"对话框启动器按钮，弹出"设置单元格格式"对话框，在"对齐"选项卡的"水平对齐"中选择"跨列居中"，如图 3-8 所示；选择"字体"选项卡，在"字体"选项卡中设置字体为黑体，字号为 16，颜色为红色，如图 3-9 所示，单击"确定"按钮。

第四步：选中 D3:D5 单元格，单击"开始"→"数字"右侧的"设置单元格格式"对话框启动器按钮，弹出"设置单元格格式"对话框，在"分类"下拉列表中选择"百分比"，在"小数位数"下拉列表框中选择"2"，如图 3-10 所示，单击"确定"按钮。

图 3-8　单元格对齐方式设置

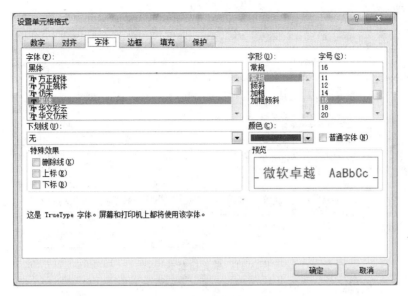

图 3-9 单元格字体设置

图 3-10 单元格数字类型设置

第五步：选中 A2:D2 单元格，选择"开始"→"单元格"→"格式"→"设置单元格格式"命令，弹出"设置单元格格式"对话框，在"填充"选项卡中选择背景色为浅蓝色，如图 3-11 所示，单击"确定"按钮。

第六步：选中 A2:D5 单元格，选择"开始"→"字体"→"边框"→"其他边框"命令，弹出"设置单元格格式"对话框，在"边框"选项卡的线条样式中选择最细单线，单击"内部"按钮，选择最粗单线，单击"外边框"按钮，如图 3-12 所示，单击"确定"按钮。

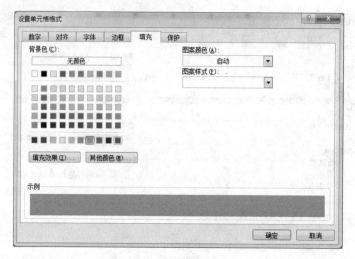

图 3-11　单元格背景设置

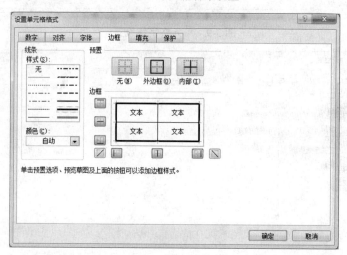

图 3-12　单元格边框设置

技能点 5　公式计算

【实例 5】在"公式计算.xlsx"的 D4:D41 各单元格中，利用公式分别计算各国天然气占所有国家天然气总和的比例（要求使用绝对地址引用合计值），并按百分比样式显示，保留 3 位小数。

【操作解析】

第一步：打开"公式计算.xlsx"，将光标定位在 D4 单元格，输入公式"=B4/$B$42"，按 Enter 键，按住 D4 单元格的填充柄向右拖动至 D41 单元格，计算其余国家的数据，如图 3-13 所示。

第二步：选中 D4:D41 单元格，右击，在弹出的快捷菜单中选择"设置单元格格式"命令，在"数字"选项卡中选择"百分比"，小数位数为 3 位，单击"确定"按钮。

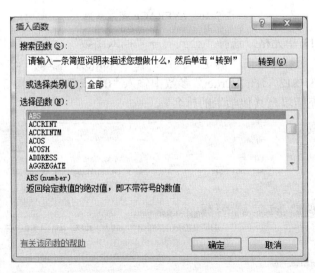

图 3-13　公式计算

	A	B	C	D
	D4		=B4/$B$42	
1	美国能源统计年鉴-油气储量			
2	单位：万吨			
3	国家和地区	天然气(亿立方米)	原油和液(万吨)	比例
4	中　　国	235000	221200	2.08%
5	孟加拉国	43600	300	0.39%
6	文　　莱	34000	15000	0.30%
7	印　　度	110100	78600	0.97%
8	印度尼西亚	275400	57000	2.44%
9	伊　　朗	2674000	1734000	23.67%
10	以 色 列	3400	100	0.03%
11	日　　本	5100	900	0.05%
12	哈萨克斯坦	300000	300000	2.66%
13	马来西亚	248000	36500	2.20%
14	缅　　甸	48500	700	0.43%
15	巴基斯坦	80700	4000	0.71%
16	菲 律 宾	10000	500	0.09%

技能点 6　函数计算

【实例 6】在"函数计算.xlsx"中利用 SUM 函数计算总分、利用 AVERAGE 函数计算平均分、利用 RANK 函数计算排名、利用 IF 函数输入备注（英语及计算机成绩均大于等于 75 分"有资格"，否则"无资格"）、利用 COUNTIF 函数分别统计男女生人数、利用 AVERAGEIF 函数分别计算男女生平均分。

【操作解析】

第一步：打开"函数计算.xlsx"，选中 G3 单元格，选择"公式"→"插入函数"命令，弹出"插入函数"对话框，如图 3-14 所示，选择"SUM"函数，单击"确定"按钮；在"Number1"参数中输入"D3:F3"，如图 3-15 所示，单击"确定"按钮；利用填充柄填充其他学生的总分。

图 3-14　插入函数

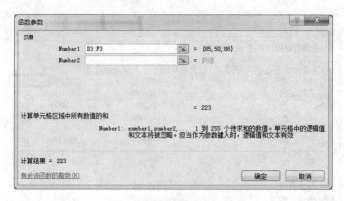

图 3-15　SUM 函数参数

　　第二步：选中 H3 单元格，选择"公式"→"插入函数"命令，弹出"插入函数"对话框，选择"AVERAGE"函数，单击"确定"按钮；在"Number1"参数中输入"D3:F3"，如图 3-16 所示，单击"确定"按钮；利用填充柄填充其他学生的平均分。

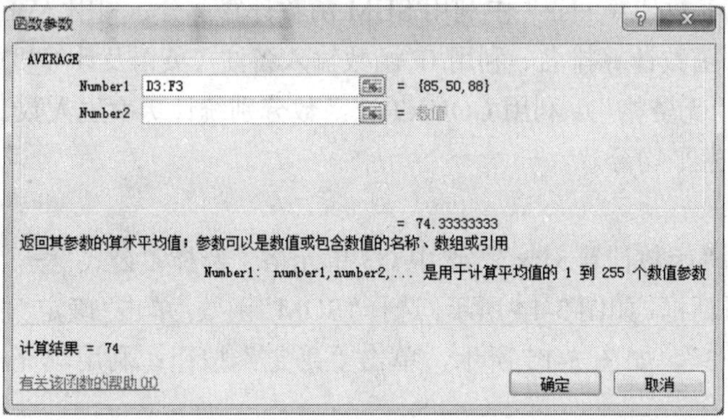

图 3-16　AVERAGE 函数参数

　　第三步：选中 I3 单元格，选择"公式"→"插入函数"命令，弹出"插入函数"对话框，选择"RANK"函数，单击"确定"按钮；在"Number"参数中输入"H3"，在"Ref"参数中输入"$H$3:$H$12"，在"Order"参数中输入"0"或忽略，如图 3-17 所示，单击"确定"按钮；利用填充柄填充其他学生的排名。

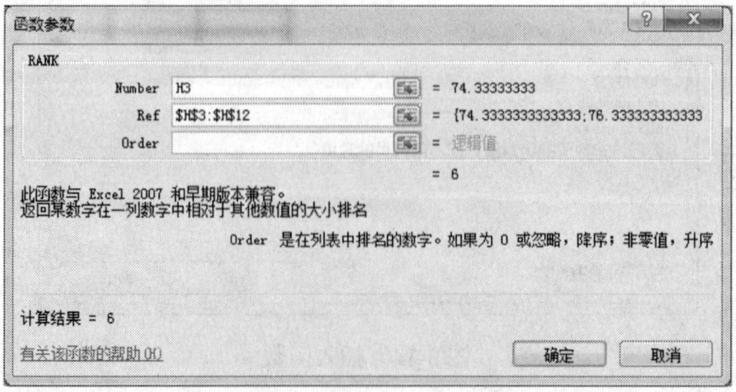

图 3-17　RANK 函数参数

第四步：选中 J3 单元格，选择"公式"→"插入函数"命令，弹出"插入函数"对话框，选择"IF"函数，单击"确定"按钮；在"logical_test"参数中输入"and(D3>=75，E3>=75)"，在"value_if_true"参数中输入"有资格"，在"value_if_false"参数中输入"无资格"，如图 3-18 所示，单击"确定"按钮；利用填充柄填充其他学生的排名。

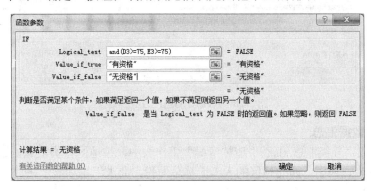

图 3-18　IF 函数参数

第五步：选中 B13 单元格，选择"公式"→"插入函数"命令，弹出"插入函数"对话框，选择"COUNTIF"函数，单击"确定"按钮；在"range"参数中输入"C3:C12"，在"criteria"参数中输入"男"，如图 3-19 所示，单击"确定"按钮；选中 B14 单元格，选择"公式"→"插入函数"命令，弹出"插入函数"对话框，选择"COUNTIF"函数，单击"确定"按钮；在"range"参数中输入"C3:C12"，在"criteria"参数中输入"女"，单击"确定"按钮。

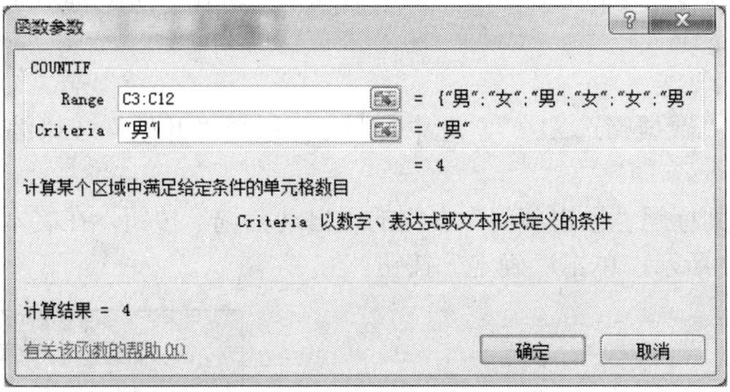

图 3-19　COUNTIF 函数参数

第六步：选中 D13 单元格，选择"公式"→"插入函数"命令，弹出"插入函数"对话框，选择"AVERAGEIF"函数，单击"确定"按钮；在"range"参数中输入"C3:C12"，在"criteria"参数中输入"男"，在"average_range"参数中输入"H3:H12"，如图 3-20 所示，单击"确定"按钮；选中 D14 单元格，选择"公式"→"插入函数"，弹出"插入函数"对话框，选择"AVERAGEIF"函数，单击"确定"按钮；在"range"参数中输入"C3:C12"，在"criteria"参数中输入"女"，在"average_range"参数中输入"H3:H12"，单击"确定"按钮。

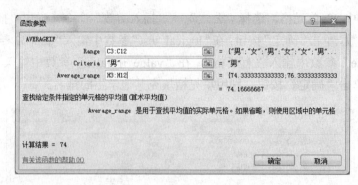

图 3-20　AVERAGEIF 函数参数

技能点 7　数据汇总

【实例 7】在"分类汇总.xlsx""造林情况"工作表中，按地区分类汇总，分别统计华北、东北、华东、华南、西南、西北地区的人工造林总面积，要求汇总项显示在数据下方。

【操作解析】

第一步：打开"分类汇总.xlsx"，将光标定位在"造林情况"工作表 A 列任意单元格，选择"开始"→"排序和筛选"→"降序"命令。

第二步：选中 A3:F34 单元格，选择"数据"→"分级显示"→"分类汇总"命令；在弹出的"分类汇总"对话框中选择"分类字段"为"地区"，"汇总方式"为"求和"，"汇总项"为"人工造林"，如图 3-21 所示，单击"确定"按钮。

技能点 8　数据筛选

【实例 8】在"数据筛选.xlsx""图书销售情况表"工作表中，筛选出第 1 分店的销售情况。

【操作解析】

第一步：打开"数据筛选.xlsx"，选中行号 2，选择"开始"→"编辑"→"排序和筛选"→"筛选"命令。

第二步：单击列标题"经销部门"右侧的"自动筛选"按钮，在文本筛选中仅选择"第 1 分店"，如图 3-22 所示，单击"确定"按钮。

图 3-21　"分类汇总"对话框

图 3-22　自动筛选

【实例 9】在"数据筛选.xlsx""图书销售情况表"工作表中，筛选出单价大于 30 或者销售额大于 8000 的数据，在 H2:I4 单元格区域设置条件，筛选结果自 H6 单元格开始存放。

【操作解析】

第一步：打开"数据筛选.xlsx"，在 H2 单元格中输入"单价"，在 I2 单元格中输入"销售额（元）"，在 H3 单元格中输入">30"，在 I4 单元格中输入">8000"。

第二步：选择"数据"→"排序和筛选"→"高级"命令，弹出"高级筛选"对话框，在"方式"选项组中点选"将筛选结果复制到其他位置"单选按钮，"列表区域"选择"图书销售情况表!$A$2:$F$38"，"条件区域"选择"图书销售情况表!$H$2:$I$4"，"复制到"选择"图书销售情况表!$H$6"，如图 3-23 所示，单击"确定"按钮。

图 3-23　"高级筛选"对话框

技能点 9　数据透视表创建

【实例 10】在"数据透视表.xlsx"中利用"统计"工作表的数据，在新建工作表中生成数据透视表，要求将年度作为行标签，将电话类别作为列标签，将电话数作为数值。

【操作解析】

第一步：打开"数据筛选.xlsx"，选中任意数据单元格，选择"插入"→"表格"→"数据透视表"命令，弹出"创建数据透视表"对话框，如图 3-24 所示，单击"确定"按钮。

图 3-24　"创建数据透视表"对话框

第二步：拖动"数据透视表字段列表"中的"年度"字段到下方"行标签"区域中，按照同样的方法，将"电话类别"字段拖动到"列标签"区域，将"电话数"字段拖动到"数值"区域，结果如图 3-25 所示。

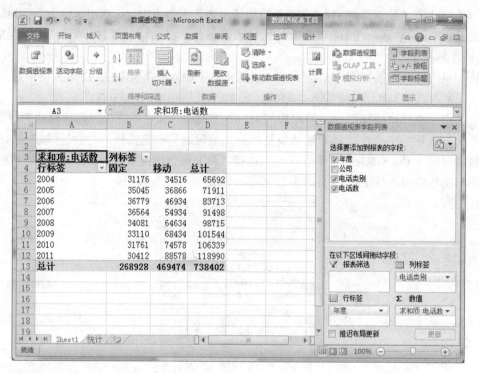

图 3-25　数据透视表

技能点 10　图表创建和编辑

【实例 11】在"图表创建.xlsx"中，根据前 5 个国家和地区的原油和液数据生成一张"簇状柱形图"，嵌入当前工作表中，水平（分类）轴标签为国家和地区，图表标题为"5 国原油和液数据对比"，主要纵坐标轴标题为竖排标题，内容为"万吨"，显示数据标签外，不显示图例。

【操作解析】

第一步：打开"图表创建.xlsx"，选中 A3:A8 及 C3:C8 单元格，选择"插入"→"图表"→"柱形图"→"簇状柱形图"命令。

第二步：在图表中将"原油和液（万吨）"更改为"5 国原油和液数据对比"。

第三步：选择"图表工具"→"布局"→"标签"→"坐标轴标题"→"主要纵坐标轴标题"→"竖排标题"命令，在图表中将"坐标轴标题"更改为"万吨"。

第四步：选择"图表工具"→"布局"→"标签"→"数据标签"→"数据标签外"命令。

第五步：选择"图表工具"→"布局"→"标签"→"图例"→"无"命令，图表如图 3-26 所示。

技能点 11　选择性粘贴

【实例 12】将生成的图表以"增强型图元文件"形式选择性粘贴到 Word 文档的末尾。

【操作解析】

第一步：在生成的图表上右击，在弹出的快捷菜单中选择"复制"命令。

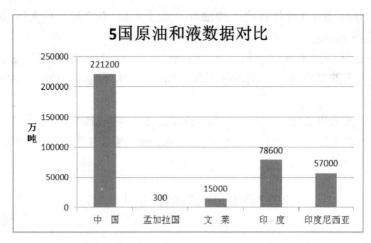

图 3-26　图表创建

第二步：将光标定位在 Word 文档末尾，选择"开始"→"粘贴"→"选择性粘贴"命令，在弹出的"选择性粘贴"对话框中选择"图片（增强型图元文件）"，如图 3-27 所示，单击"确定"按钮。

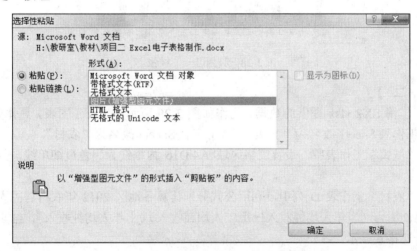

图 3-27　"选择性粘贴"对话框

2. 真题训练

【真题（一）】

根据工作簿 EX1.xlsx 提供的数据，制作如图 3-28 所示的 Excel 图表，具体要求如下：

1）将工作表 Sheet1 改名为"在校学生"，将 Sheet2 改名为"常住人口"，删除工作表Sheet3。

2）在工作表"在校学生"的 D 列，利用公式分别计算各地区 2012 年在校学生数增长率［增长率＝(当年学生数－上年学生数)/上年学生数］，结果以带 2 位小数的百分比格式显示。

3）在工作表"在校学生"的 E 列，引用"常住人口"工作表中的数据，分别计算 2012

年度各地区在校学生占比（学生占比＝2012 年在校学生数/2012 年常住人口数），结果以带 2 位小数的百分比格式显示。

4）参考样张，根据工作表"在校学生"数据，生成一张反映各地区在校学生占比的"簇状柱形图"，嵌入当前工作表中，图表标题为"2012 年部分地区高校学生占比"，显示数据标签外，无图例。

5）将生成的图表以"增强型图元文件"形式选择性粘贴到 Word 文档的末尾。

6）将工作簿以文件名"EX1"、文件类型"Microsoft Excel 工作簿（*.xlsx）"，存放于考生文件夹中。

图 3-28　真题（一）样张

【真题（二）】

根据工作簿 EX2.xlsx 提供的数据，制作如图 3-29 所示的 Excel 图表，具体要求如下：

1）将工作表 Sheet1 改名为"城镇"，将工作表 Sheet2 改名为"农村"。

2）在"城镇"工作表中，设置表格区域 A4:D16 内框线为黑色最细单线，外框线为蓝色双线。

3）在"农村"工作表 D 列中，利用公式分别计算各地区 2012 年农村居民人均纯收入增长率［增长率＝（当年人均纯收入－上年人均纯收入）/上年人均纯收入］，结果以带 2 位小数的百分比格式显示。

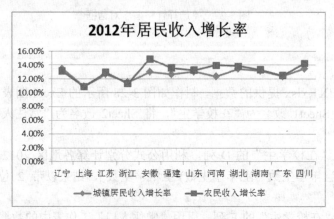

图 3-29　真题（二）样张

4）参考样张，根据"城镇"和"农村"工作表中的增长率数据，生成一张反映各地区城镇居民和农民收入增长率的"带数据标记的折线图"，嵌入"城镇"工作表中，图表标题为"2012 年居民收入增长率"，图例显示在底部（提示：可先做"城镇"增长率图表，再通过源数据添加"农村"增长率系列）。

5）将生成的图表以"增强型图元文件"形式选择性粘贴到 Word 文档的末尾。

6）将工作簿以文件名"EX2"、文件类型"Microsoft Excel 工作簿（*.xlsx）"，存放于考生文件夹中。

【真题（三）】

根据工作簿 EX3.xlsx 提供的数据，制作如图 3-30 所示的 Excel 图表，具体要求如下：

1）将"销量"和"统计"工作表中的所有日期设置为形如"2001 年 3 月"的格式。

2）在"统计"工作表中，引用"销量"工作表数据，分别计算 3 个汽车厂家各月的销量总和（提示：销量总和等于同一品牌各类汽车销量之和）。

3）在"统计"工作表中，设置表格区域 A4:D12 内框线为黑色最细单线，外框线为蓝色双线。

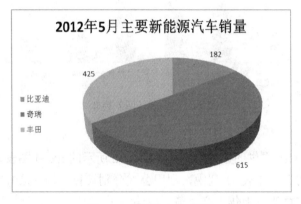

图 3-30 真题（三）样张

4）参考样张，根据"统计"工作表中的数据，生成一张反映 2012 年 5 月各品牌汽车销量的"三维饼图"，嵌入当前工作表，图表标题为"2012 年 5 月主要新能源汽车销量"，显示数据标签外，图例靠左。

5）将生成的图表以"增强型图元文件"形式选择性粘贴到 Word 文档的末尾。

6）将工作簿以文件名"EX3"、文件类型"Microsoft Excel 工作簿（*.xlsx）"，存放于考生文件夹中。

【真题（四）】

根据工作簿 EX4.xlsx 提供的数据，制作如图 3-31 所示的 Excel 图表，具体要求如下：

1）在工作表"进口"B、C 列中，引用"出口"及"合计"工作表数据，利用公式分别计算各地区 2011 年、2012 年外贸进口总额（进口总额＝进出口总额－出口总额），结果以带 2 位小数的数值格式显示。

2）在工作表"进口"D 列中，利用公式分别计算各地区 2012 年外贸进口总额增长率[增长率＝(当年进口总额－上年进口总额)/上年进口总额]，结果以带 2 位小数的百分比格式显示。

3）在工作表"进口"中，按 2012 年进口总额降序排序。

4）在工作表"进口"中，根据 2012 年进口总额前 5 名数据，生成一张"簇状柱形图"，嵌入当前工作表中，水平（分类）轴标签为地区，图表标题为"2012 年进口总额前 5 名"，主要纵坐标轴标题为竖排标题，内容为"亿美元"，显示数据标签外，不显示图例。

5）将生成的图表以"增强型图元文件"形式选择性粘贴到 Word 文档的末尾。

6）将工作簿以文件名"EX4"、文件类型"Microsoft Excel 工作簿（*.xlsx）"，存放于考生文件夹中。

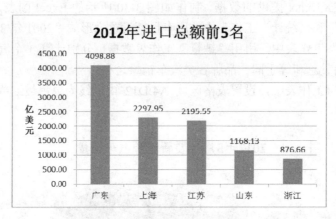

图 3-31　真题（四）样张

【真题（五）】

根据工作簿 EX5.xlsx 提供的数据，制作如图 3-32 所示的 Excel 图表，具体要求如下：

1）在"生产总值"工作表 D 列中，利用公式分别计算各地区 2012 年生产总值增长率［增长率＝（当年生产总值－上年生产总值）/上年生产总值］，结果以带 2 位小数的百分比格式显示。

2）在"人均生产总值"工作表 B、C 列中，引用"生产总值"和"常住人口"工作表数据，利用公式分别计算 2011 年和 2012 年各地区人均生产总值，结果不显示小数［人均生产总值（元）=10000×生产总值（亿元）/常住人口（万人）］。

3）在"人均生产总值"工作表中，利用自动筛选功能，筛选出 2012 年人均生产总值大于等于 50000 元的地区。

4）参考样张，在"人均生产总值"工作表中，根据筛选出的 2012 年人均生产总值数据，生成一张"簇状柱形图"，嵌入当前工作表中，水平（分类）轴标签为地区，标题为"人均生产总值较高的地区"，主要纵坐标轴标题为竖排标题，内容为"亿美元"，显示数据标签外，不显示图例。

5）将生成的图表以"增强型图元文件"形式选择性粘贴到 Word 文档的末尾。

6）将工作簿以文件名"EX5"、文件类型"Microsoft Excel 工作簿（*.xlsx）"，存放于考生文件夹中。

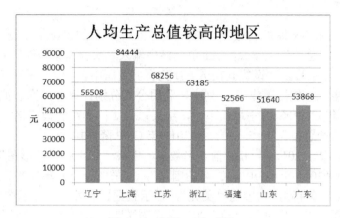

图 3-32 真题（五）样张

【真题（六）】

根据工作簿 EX6.xlsx 提供的数据，制作如图 3-33 所示的 Excel 图表，具体要求如下：

1）将工作表 Sheet1 改名为"划分标准"，删除 Sheet2 工作表。

2）在"人均国民总收入"工作表 C4 单元格中输入"收入等级"，在 C 列利用函数标注各国家和地区的收入等级（收入小于参考值等级为"中低收入"，收入大于等于参考值等级为"高收入"，要求使用绝对地址引用"划分标准"工作表中的"参考值"）。

3）在"人均国民总收入"工作表中，利用自动筛选功能，筛选出收入等级为"中低收入"的记录。

4）参考样张，根据"人均国民总收入"工作表数据，生成一张反映中国、巴西、印度、俄罗斯、南非的人均国民总收入的"簇状柱形图"，嵌入当前工作表中，图表标题为"金砖五国人均国民总收入"，主要纵坐标轴标题为竖排标题，内容为"美元"，显示数据标签外，不显示图例。

5）将生成的图表以"增强型图元文件"形式选择性粘贴到 Word 文档的末尾。

6）将工作簿以文件名"EX6"、文件类型"Microsoft Excel 工作簿（*.xlsx）"，存放于考生文件夹中。

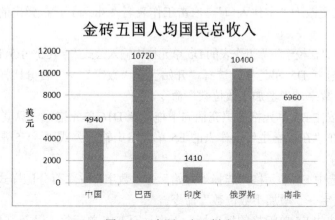

图 3-33 真题（六）样张

【真题（七）】

根据工作簿 EX7.xlsx 提供的数据，制作如图 3-34 所示的 Excel 图表，具体要求如下：

1）在"国内生产总值"工作表的 A1 单元格中输入"部分国家和地区 GDP"，设置其字体为黑体、加粗、14 字号，并设置其在 A～D 列合并及居中。

2）在"国内生产总值"工作表 C 列中，利用公式分别计算各国家和地区 2011 年 GDP〔2011 年 GDP＝上年 GDP×（1＋增长率）〕，结果以带 2 位小数的数值格式显示。

3）在"国内生产总值"工作表中，按 2011 年 GDP 降序排序。

4）参考样张，根据 2011 年 GDP 前 5 名数据，生成一张"簇状柱形图"，嵌入当前工作表中，图表标题为"2011 年 GDP 前 5 名的国家"，水平（分类）轴标签为国家和地区，主要纵坐标轴标题为竖排标题，内容为"美元"，显示数据标签外，不显示图例。

5）将生成的图表以"增强型图元文件"形式选择性粘贴到 Word 文档的末尾。

6）将工作簿以文件名"EX7"、文件类型"Microsoft Excel 工作簿（*.xlsx）"，存放于考生文件夹中。

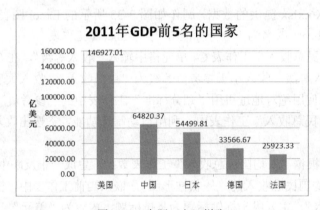

图 3-34　真题（七）样张

3. 真题解析

【真题（一）操作解析】

1）打开"EX1.xlsx"，双击工作表名"Sheet1"，将其更改为"在校学生"，双击工作表名"Sheet2"，将其更改为"常住人口"，右击工作表名"Sheet3"，在弹出的快捷菜单中选择"删除"命令。

2）第一步：在"在校学生"工作表的 D5 单元格中输入公式"=(C5－B5)/B5"，按 Enter 键。

第二步：选中 D5 单元格，选择"开始"→"数字"→"百分比样式"命令，再两次选择"开始"→数字→"增加小数位数"命令。

第三步：按住 D5 单元格的填充柄向下拖动至 D16 单元格，计算其他地区数据。

3）第一步：在"在校学生"工作表的 E5 单元格中输入公式"=C5/常住人口!B5"，按 Enter 键。

第二步：选中 E5 单元格，选择"开始"→"数字"→"百分比样式"命令，再两次选择"开始"→数字→"增加小数位数"命令。

第三步：按住 E5 单元格的填充柄向下拖动至 E16 单元格，计算其他地区数据。

4）第一步：选中 A4:A16 及 E4:E16 单元格，选择"插入"→"图表"→"柱形图"→

"簇状柱形图"命令。

第二步：在图表中将"学生占比（%）"更改为"2012 年部分地区高校学生占比"。

第三步：选择"图表工具"→"布局"→"标签"→"数据标签"→"数据标签外"命令。

第四步：选择"图表工具"→"布局"→"标签"→"图例"→"无"命令。

5）第一步：在生成的图表上右击，在弹出的快捷菜单中选择"复制"命令。

第二步：将光标定位在 Word 文档末尾，选择"开始"→"粘贴"→"选择性粘贴"命令，在弹出的"选择性粘贴"对话框中选择"图片（增强型图元文件）"，单击"确定"按钮。

6）在 Excel 中单击"保存"按钮。

【真题（二）操作解析】

1）打开"EX2.xlsx"，双击工作表名"Sheet1"，将其更改为"城镇"，双击工作表名"Sheet2"，将其更改为"农村"。

2）第一步：选中"城镇"工作表的 A4:D16 单元格，选择"开始"→"字体"→"边框"→"其他边框"命令。

第二步：在弹出的"设置单元格格式"对话框"边框"选项卡中，选择线条样式为最细单线，单击"内部"按钮，再选择线条样式为双线，颜色为蓝色，单击"外边框"按钮，单击"确定"按钮。

3）第一步：在"农村"工作表的 D5 单元格中输入公式"=(C5－B5)/B5"，按 Enter 键。

第二步：选中 D5 单元格，选择"开始"→"数字"→"百分比样式"命令，再两次选择"开始"→"数字"→"增加小数位数"命令。

第三步：按住 D5 单元格的填充柄向下拖动至 D16 单元格，计算其他地区数据。

4）第一步：选中 D4:D16 单元格，选择"插入"→"图表"→"折线图"→"带数据标记的折线图"命令。

第二步：选择"图表工具"→"设计"→"数据"→"选择数据"命令，弹出"选择数据源"对话框，在"图例项"中单击"添加"按钮，弹出"编辑数据系列"对话框，在"系列名称"中选中"农村"工作表的 D4 单元格，在"系列值"中选中农村工作表的 D5:D16 单元格，在"水平（分类）轴标签"中单击"编辑"按钮，弹出"轴标签"对话框，在"轴标签区域"中选中 A5:A16 单元格，单击"确定"按钮。

第三步：选择"图表工具"→"布局"→"标签"→"图表标题"→"图表上方"命令，将图表中的"图表标题"更改为"2012 年居民收入增长率"。

第四步：选择"图表工具"→"布局"→"标签"→"图例"→"在底部显示图例"命令。

5）第一步：在生成的图表上右击，在弹出的快捷菜单中选择"复制"命令。

第二步：将光标定位在 Word 文档末尾，选择"开始"→"粘贴"→"选择性粘贴"命令，在弹出的"选择性粘贴"对话框中选择"图片（增强型图元文件）"，单击"确定"按钮。

6）在 Excel 中单击"保存"按钮。

【真题（三）操作解析】

1）第一步：打开"EX3.xlsx"，选中"统计"工作表的 A5:A12 单元格，选择"开始"→"数字"→"数字格式"→"其他数字格式"命令，弹出"设置单元格格式"对话框，在"类型"下拉列表框中选择"2001 年 3 月"，单击"确定"按钮。

第二步：选中"销量"工作表的 A7:A14 单元格，选择"开始"→"数字"→"数字格式"→"其他数字格式"命令，弹出"设置单元格格式"对话框，在"类型"下拉列表框中选择"2001 年 3 月"，单击"确定"按钮。

2）第一步：在"统计"工作表的 B5 单元格中输入公式"=销量!B7＋销量!C7"，按 Enter 键，按住 B5 单元格的填充柄向下拖动至 B12 单元格，计算其他月份的数据。

第二步：在"统计"工作表的 C5 单元格中输入公式"=销量!D7＋销量!E7"，按 Enter 键，按住 C5 单元格的填充柄向下拖动至 C12 单元格，计算其他月份的数据。

第三步：在"统计"工作表的 D5 单元格中输入公式"=销量!F7＋销量!G7"，按 Enter 键，按住 D5 单元格的填充柄向下拖动至 D12 单元格，计算其他月份的数据。

3）第一步：选中"统计"工作表的 A4:D12 单元格，选择"开始"→"字体"→"边框"→"其他边框"命令。

第二步：在弹出的"设置单元格格式"对话框"边框"选项卡中，选择线条样式为最细单线，单击"内部"按钮，再选择线条样式为双线，颜色为蓝色，单击"外边框"按钮，单击"确定"按钮。

4）第一步：选中 B4:D5 单元格，选择"插入"→"图表"→"饼图"→"三位饼图"命令。

第二步：选择"图表工具"→"布局"→"标签"→"图表标题"→"图表上方"命令，将图表中的"图表标题"更改为"2012 年 5 月主要新能源汽车销量"。

第三步：选择"图表工具"→"布局"→"标签"→"数据标签"→"数据标签外"命令。

第四步：选择"图表工具"→"布局"→"标签"→"图例"→"在左侧显示图例"命令。

5）第一步：在生成的图表上右击，在弹出的快捷菜单中选择"复制"命令。

第二步：将光标定位在 Word 文档末尾，选择"开始"→"粘贴"→"选择性粘贴"命令，在弹出的"选择性粘贴"对话框中选择"图片（增强型图元文件）"，单击"确定"按钮。

6）在 Excel 中单击"保存"按钮。

【真题（四）操作解析】

1）第一步：打开"EX4.xlsx"，在"进口"工作表的 B5 单元格中输入公式"=合计!B5-出口!B5"，按 Enter 键，按住 B5 单元格的填充柄向下拖动至 B16 单元格，计算其他地区的数据。

第二步：在"进口"工作表的 C5 单元格中输入公式"=合计!C5－出口!C5"，按 Enter 键，按住 C5 单元格的填充柄向下拖动至 C16 单元格，计算其他地区的数据。

第三步：选中"进口"工作表的 B5:C16 单元格，选择"开始"→"数字"→"数字格式"→"数值"命令。

2）第一步：在"进口"工作表的 D5 单元格中输入公式"=(C5－B5)/B5"，按 Enter 键。

第二步：选中 D5 单元格，选择"开始"→"数字"→"百分比样式"命令，再两次选择"开始"→"数字"→"增加小数位数"命令。

第三步：按住 D5 单元格的填充柄向下拖动至 D16 单元格，计算其他地区数据。

3）将光标定位在"进口"工作表 C 列任意单元格，选择"开始"→"排序和筛选"→"降序"命令。

4）第一步：在"进口"工作表中选中 A4:A9 及 C4:C9 单元格，选择"插入"→"图表"→"柱形图"→"簇状柱形图"命令。

第二步：在图表中将"2012 年"更改为"2012 年进口总额前 5 名"。

第三步：选择"图表工具"→"布局"→"标签"→"坐标轴标题"→"主要纵坐标轴标题"→"竖排标题"命令，在图表中将"坐标轴标题"更改为"亿美元"。

第四步：选择"图表工具"→"布局"→"标签"→"数据标签"→"数据标签外"命令。

第五步：选择"图表工具"→"布局"→"标签"→"图例"→"无"命令。

5）第一步：在生成的图表上右击，在弹出的快捷菜单中选择"复制"命令。

第二步：将光标定位在 Word 文档末尾，选择"开始"→"粘贴"→"选择性粘贴"命令，在弹出的"选择性粘贴"对话框中选择"图片（增强型图元文件）"，单击"确定"按钮。

6）在 Excel 中单击"保存"按钮。

【真题（五）操作解析】

1）第一步：打开"EX5.xlsx"，在"生产总值"工作表的 D5 单元格中输入公式"=（C5－B5）/B5"，按 Enter 键。

第二步：选中 D5 单元格，选择"开始"→"数字"→"百分比样式"命令，再两次选择"开始"→"数字"→"增加小数位数"命令。

第三步：按住 D5 单元格的填充柄向下拖动至 D16 单元格，计算其他地区数据。

2）第一步：在"人均生产总值"工作表的 B5 单元格中输入公式"=10000*生产总值!B5/常住人口!B5"，按 Enter 键，按住 B5 单元格的填充柄向下拖动至 B16 单元格，计算其他地区的数据。

第二步：在"人均生产总值"工作表的 C5 单元格中输入公式"=10000*生产总值!C5/常住人口!C5"，按 Enter 键，按住 C5 单元格的填充柄向下拖动至 C16 单元格，计算其他地区的数据。

第三步：选中"人均生产总值"工作表中 B5:C16 单元格，单击"开始"→"数字"右侧的对话框启动器按钮，弹出"设置单元格格式"对话框，在"分类"下拉列表中选择"数值"，将小数位数设置为"0"，单击"确定"按钮。

3）第一步：选中"人均生产总值"工作表中行号 4，选择"开始"→"排序和筛选"→"筛选"命令。

第二步：单击"2012"列标题的下拉按钮，在列表中选择"数字筛选"→"大于或等于"命令，在弹出的"自定义自动筛选方式"对话框中输入"50000"，单击"确定"按钮。

4）第一步：选中"人均生产总值"工作表中 A 列及 C 列数据，选择"插入"→"图表"→"柱形图"→"簇状柱形图"命令。

第二步：在图表中将标题"2012年"更改为"人均生产总值较高的地区"。

第三步：选择"图表工具"→"布局"→"标签"→"坐标轴标题"→"主要纵坐标轴标题"→"竖排标题"命令，在图表中将"坐标轴标题"更改为"元"。

第四步：选择"图表工具"→"布局"→"标签"→"数据标签"→"数据标签外"命令。

第五步：选择"图表工具"→"布局"→"标签"→"图例"→"无"命令。

5）第一步：在生成的图表上右击，在弹出的快捷菜单中选择"复制"命令。

第二步：将光标定位在Word文档末尾，选择"开始"→"粘贴"→"选择性粘贴"命令，在弹出的"选择性粘贴"对话框中选择"图片（增强型图元文件）"，单击"确定"按钮。

6）在Excel中单击"保存"按钮。

【真题（六）操作解析】

1）打开"EX6.xlsx"，双击工作表名"Sheet1"，将其更改为"划分标准"，右击工作表名"Sheet2"，在弹出的快捷菜单中选择"删除"命令。

2）第一步：选中"人均国民总收入"工作表的C4单元格，输入"收入等级"。

第二步：在"人均国民总收入"工作表的C5单元格中输入公式"=IF(B5<划分标准!$B$8,"中低收入","高收入")"，按Enter键，按住C5单元格的填充柄向下拖动至C45单元格，计算其他国家和地区的数据。

3）第一步：选中"人均国民总收入"工作表中行号4，选择"开始"→"排序和筛选"→"筛选"命令。

第二步：单击"收入等级"列标题的下拉按钮，在文本筛选中仅选择"中低收入"，单击"确定"按钮。

4）第一步：选中"人均国民总收入"工作表中A5、A11、A18、A34、A36及B5、B11、B18、B34、B36单元格，选择"插入"→"图表"→"柱形图"→"簇状柱形图"命令。

第二步：选择"图表工具"→"布局"→"标签"→"图表标题"→"图表上方"命令，将图表中的"图表标题"更改为"金砖五国人均国民总收入"。

第三步：选择"图表工具"→"布局"→"标签"→"坐标轴标题"→"主要纵坐标轴标题"→"竖排标题"命令，在图表中将"坐标轴标题"更改为"美元"。

第四步：选择"图表工具"→"布局"→"标签"→"数据标签"→"数据标签外"命令。

第五步：选择"图表工具"→"布局"→"标签"→"图例"→"无"命令。

5）第一步：在生成的图表上右击，在弹出的快捷菜单中选择"复制"命令。

第二步：将光标定位在Word文档末尾，选择"开始"→"粘贴"→"选择性粘贴"命令，在弹出的"选择性粘贴"对话框中选择"图片（增强型图元文件）"，单击"确定"按钮。

6）在Excel中单击"保存"按钮。

【真题（七）操作解析】

1）第一步：打开"EX7.xlsx"，选中"国内生产总值"工作表的A1单元格，输入"部分国家和地区 GDP"。

第二步：选中"国内生产总值"工作表的 A1 单元格，选择"开始"→"字体"→"黑体"命令，选择"开始"→"字体"→"加粗"命令，选择"开始"→"字体"→"字号"→"14"命令。

第三步：选中"国内生产总值"工作表的 A1:D1 单元格，选择"开始"→"对齐方式"→"合并后居中"命令。

2）第一步：在"国内生产总值"工作表的 C5 单元格中输入公式"=B5*（1＋D5）"，按 Enter 键。

第二步：选中"国内生产总值"工作表的 C5 单元格，单击"开始"→"数字"右侧的对话框启动器按钮，弹出"设置单元格格式"对话框，在"分类"下拉列表中选择"数值"，将小数位数设置为"2"，单击"确定"按钮。

第三步：按住 C5 单元格的填充柄向下拖动至 C44 单元格，计算其他国家和地区的数据。

3）将光标定位在"国内生产总值"工作表 C 列任意单元格，选择"开始"→"排序和筛选"→"降序"命令。

4）第一步：选中"国内生产总值"工作表中 A4:A9 及 C4:C9 单元格数据，选择"插入"→"图表"→"柱形图"→"簇状柱形图"命令。

第二步：在图表中将标题"2011 年"更改为"2011 年 GDP 前 5 名的国家"。

第三步：选择"图表工具"→"布局"→"标签"→"坐标轴标题"→"主要纵坐标轴标题"→"竖排标题"命令，在图表中将"坐标轴标题"更改为"亿美元"。

第四步：选择"图表工具"→"布局"→"标签"→"数据标签"→"数据标签外"命令。

第五步：选择"图表工具"→"布局"→"标签"→"图例"→"无"命令。

5）第一步：在图表上右击，在弹出的快捷菜单中选择"复制"命令。

第二步：将光标定位在 Word 文档末尾，选择"编辑"→"选择性粘贴"命令，在弹出的"选择性粘贴"对话框中选择"图片（增强型图元文件）"，单击"确定"按钮。

6）在 Excel 中单击"保存"按钮。

项目4 PowerPoint 演示文稿制作

1. 考点解析

技能点 1 新幻灯片插入

【实例 1】打开 Web.ppt，插入新幻灯片作为第一张幻灯片，版式为"标题幻灯片"，标题为"3D 打印机"，副标题为"应用领域"。

【操作解析】

打开演示文稿 Web.ppt，选中第一张幻灯片，选择"开始"→"幻灯片"→"新建新幻灯片"命令，在"新建幻灯片"的下拉列表中选择"标题幻灯片"，单击"确定"按钮，在"单击此处添加标题"文本框中输入文字"3D 打印机"，在"单击此处添加副标题"文本框中输入文字"应用领域"，如图 4-1 所示。

图 4-1 插入新幻灯片

技能点 2 幻灯片调整

【实例 2】打开 Web.ppt，将第二张标题幻灯片移动到第一张，删除第七张幻灯片，复制第二张幻灯片到最后。

【操作解析】

第一步：选择"视图"→"演示文稿视图"→"浏览视图"命令，选中第二张幻灯片，按住幻灯片将其拖动到第一张幻灯片的位置，松开鼠标左键。

第二步：选中第七张幻灯片，右击，在弹出的快捷菜单中选择"删除幻灯片"命令。

第三步：选中第二张幻灯片，右击，在弹出的快捷菜单中选择"复制"命令，在第七张幻灯片后右击，在弹出的快捷菜单中选择"粘贴选项 保留源格式"命令，则将第二张幻灯片复制到最后。

技能点 3 页面设置

【实例 3】打开 Web.ppt，设置幻灯片为大小为"35 毫米幻灯片"。

【操作解析】

打开演示文稿 Web.ppt，选择"设计"→"页面设置"命令，在弹出的"页面设置"对话框中单击"幻灯片大小"下方的下拉按钮，选择"35 毫米幻灯片"，单击"确定"按钮，如图 4-2 所示。

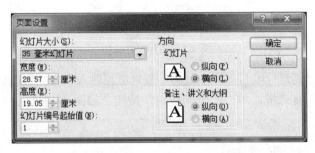

图 4-2 页面设置

技能点 4 图片插入

【实例 4】打开 Web.ppt，在第一张幻灯片中插入图片 3d1.jpg，设置图片高度为 4 厘米、宽度为 6 厘米。

【操作解析】

第一步：选中第一张幻灯片，选择"插入"→"图像"→"图片"命令。

第二步：在弹出的"插入图片"对话框中选定图片文件"3d1.jpg"，单击"插入"按钮，将图片调整至合适的位置。

第三步：单击"格式"→"大小"右侧的对话框启动器按钮，在弹出的"设置图片格式"对话框中，单击"大小"按钮，设置高度为 4 厘米、宽度为 6 厘米，取消勾选"锁定纵横比"复选框，如图 4-3 所示。

技能点 5 页眉和页脚插入

【实例 5】打开 Web.ppt，除标题幻灯片外，在其他幻灯片中插入页脚和幻灯片编号，页脚内容为"3D 打印机"，并插入自动更新的日期和时间，样式为"××××年××月××日"。

【操作解析】

第一步：打开 Web.ppt，选择"插入"→"文本"→"日期和时间"命令。

第二步：在弹出的"页眉和页脚"对话框中先勾选"日期和时间"复选框，再点选"自动更新"单选按钮，并选择"××××年××月××日"样式。

图 4-3　图片尺寸设置

第三步：勾选"幻灯片编号"和"页脚"复选框，输入文字"3D 打印机"，再勾选"标题幻灯片中不显示"复选框，单击"全部应用"按钮，如图 4-4 所示。

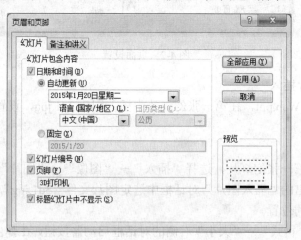

图 4-4　插入日期时间、幻灯片编号和页脚

技能点 6　主题应用

【实例 6】将所有幻灯片应用主题"华丽"。

【操作解析】

打开 Web.ppt，选择"设计"→"主题"命令，选择主题"华丽"，如图 4-5 所示。

【实例 7】所有幻灯片应用 Web 文件夹中的主题"主题 01"。

【操作解析】

第一步：打开 Web.ppt，选择"设计"→"主题"命令，单击右侧的下拉按钮，选择"浏览主题"。

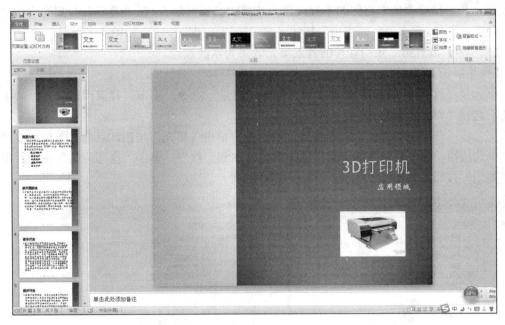

图 4-5　应用主题

第二步：在弹出的"选择主题或主题文档"对话框中选择"主题 01"，单击"应用"按钮，如图 4-6 所示。

图 4-6　应用自定义主题

技能点 7　背景设置

【实例 8】将所有幻灯片背景的预设颜色设置为"孔雀开屏"，类型为矩形。

【操作解析】

第一步：打开 Web.ppt，单击"设计"→"背景"右侧的对话框启动器按钮，单击"背景样式"右侧的下拉按钮，选择"设计背景格式"。

第二步：在弹出的"设置背景格式"对话框中单击"填充"按钮，点选"渐变填充"单选按钮，在"预设颜色"右侧的下拉按钮中选择"孔雀开屏"，在"类型"右侧的下拉按钮中选择"矩形"，单击"全部应用"按钮，再单击"关闭"按钮，如图 4-7 所示。

【实例 9】设置第二张幻灯片的背景填充效果为水滴纹理。

【操作解析】

第一步：打开 Web.ppt，选择"设计"→"背景"命令，单击"背景样式"右侧的下拉按钮，选择"设计背景格式"。

第二步：在弹出的"设置背景格式"对话框中单击"填充"按钮，点选"图片或纹理填充"单选按钮，在"纹理"的下拉按钮中选择"水滴"纹理，单击"全部应用"按钮，再单击"关闭"按钮，如图 4-8 所示。

图 4-7　渐变填充设置

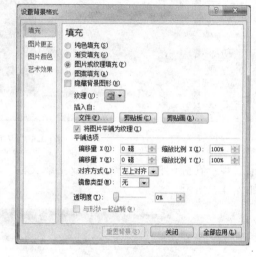

图 4-8　纹理设置

【实例 10】设置所有幻灯片背景图片为 bjt.jpg。

【操作解析】

第一步：打开 Web.ppt，选择"格式"→"背景"命令，单击"背景样式"右侧的下拉按钮，选择"设计背景格式"。

第二步：在弹出的"设置背景格式"对话框中单击"填充"按钮，点选"图片或纹理填充"单选按钮，单击"插入自：文件"按钮，弹出"插入图片"对话框，选择"bjt.jpg"，单击"插入"按钮后单击"全部应用"按钮，再单击"关闭"按钮，如图 4-9 所示。

技能点 8　动画效果设置

【实例 11】设置第一张幻灯片中的图片"3d1.jpg"的动画效果为自左侧飞入、中速，并伴有鼓掌声，延时 1 秒，持续时间 5 秒。

【操作解析】

第一步：打开 Web.ppt，选中第一张幻灯片，选择图片"3d1.jpg"，选择"动画"→"飞入"命令。

第二步：选择"动画"→"高级动画"→"动画窗格"命令，则在右侧打开"动画窗格"，如图 4-10 所示。

图 4-9　背景图片设置

图 4-10　"动画窗格"

　　第三步：单击动画"图片 6"右侧的下拉按钮，选择"效果选项"，弹出"飞入"对话框，选择"效果"选项卡，单击"方向"右侧的下拉按钮，选择"自左侧"，单击"声音"右侧的下拉按钮，选择"鼓掌"，如图 4-11 所示。

　　第四步：选择"计时"选项卡，将"延时"改为 1 秒，单击"期间"右侧的下拉按钮，选择"非常慢（5 秒）"，单击"确定"按钮，如图 4-12 所示。

技能点 9　超链接设置

【实例 12】为第二张幻灯片中带项目符号的文字创建超链接，分别指向具有相应标题的幻灯片。

图 4-11 "效果"选项卡   图 4-12 "计时"选项卡

【操作解析】

第一步：选中第二张幻灯片，选中文字"航天国防业"并右击，在弹出的快捷菜单中选择"超链接"命令。

第二步：弹出"插入超链接"对话框，单击"本文档中的位置"按钮，选择幻灯片"3. 航天国防业"，单击"确定"按钮，如图 4-13 所示。

第三步：以同样的方法为其他文字设置超链接。

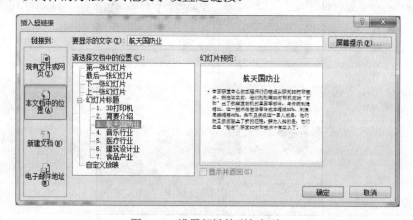

图 4-13 设置超链接到幻灯片

【实例 13】为第一张幻灯片中的图片创建超链接，超链接指向网址 http://www.narkii.com/news/news_107082.shtml。

【操作解析】

第一步：选中第一张幻灯片，选中图片并右击，在弹出的快捷菜单中选择"超链接"命令。

第二步：在弹出的"插入超链接"对话框中单击"原有文件或网页"按钮，在下面的"地址"文本框中输入"http://www.narkii.com/news/news_107082.shtml"，单击"确定"按钮，如图 4-14 所示。

图 4-14 设置超链接到网页

技能点 10 动作按钮设置

【实例 14】在最后一张幻灯片的右上角插入一个"第一张"动作按钮,超链接指向首张幻灯片,并伴有鼓掌声。

【操作解析】

第一步:选中最后一张幻灯片,选择"插入"→"插图"→"形状"命令,单击"形状"下方的下拉按钮,选择"动作按钮:第一张",如图 4-15 所示。

第二步:在幻灯片中向右下角拖动,在弹出的"动作设置"对话框中点选"超链接到"单选按钮,在下拉列表中选择"第一张幻灯片"选项,勾选"播放声音"复选框,选择"鼓掌"选项,单击"确定"按钮,如图 4-16 所示。

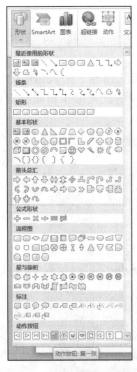

图 4-15 添加动作按钮

图 4-16 动作设置

技能点 11　备注添加

【实例 15】为第二张幻灯片添加备注，内容为"3D 打印机.txt"文本文档中的所有文字。

【操作解析】

第一步：打开"3D 打印机.txt"，复制所有文字。

第二步：选中第二张幻灯片，将文字粘贴到幻灯片下方的"单击此处添加备注"文本框中，完成备注的添加，如图 4-17 所示。

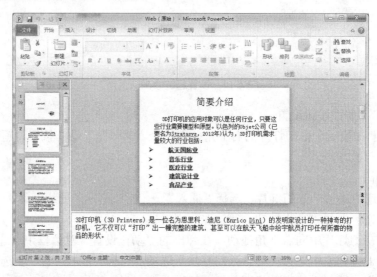

图 4-17　添加备注

技能点 12　幻灯片母版设置

【实例 16】利用幻灯片母版修改所有幻灯片的标题格式为华文新魏、44 号、加粗、倾斜。

【操作解析】

第一步：选择"视图"→"母版视图"→"幻灯片母版"命令，进入母版编辑视图。

第二步：选择"标题幻灯片版式"母版，选中文字"单击此处编辑母版标题样式"，把字体设置为华文新魏、44 号、加粗、倾斜，如图 4-18 所示。

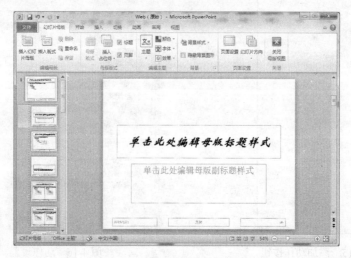

图 4-18　标题幻灯片母版设置

第三步：选择"标题和内容版式"母版，选中文字"单击此处编辑母版标题样式"，把字体设置为华文新魏、44 号、加粗、倾斜，如图 4-19 所示。

第四步：选择"幻灯片母版"→"母版视图"→"关闭母版视图"命令。

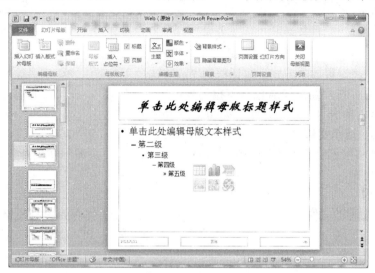

图 4-19 标题和文本版式母版设置

技能点 13 切换方式设置

【实例 17】设置所有幻灯片切换方式为覆盖、自右侧，单击时换页，伴有打字机声音。

【操作解析】

第一步：选择"切换"→"切换到此幻灯片"→"覆盖"命令，在"效果选项"下拉列表中选择"自右侧"。

第二步：选择"切换"→"计时"命令，在"声音"下拉列表中选择"打字机"，在换片方式下，勾选"单击鼠标时"复选框，单击"全部应用"按钮，如图 4-20 所示。

图 4-20 幻灯片切换效果设置

技能点 14　放映方式设置

【实例 18】将所有幻灯片的放映方式设置为循环放映，按 Esc 键时终止，并设置绘图笔颜色为红色，激光笔颜色为蓝色。

【操作解析】

第一步：选择"幻灯片放映"→"设置"→"设置放映方式"命令，弹出"设置放映方式"对话框。

第二步：在"设置放映方式"对话框的"放映选项"选项组中勾选"循环放映，按 ESC 键终止"复选框，在"绘图笔颜色"下拉列表中选择"红色"，在"激光笔颜色"下拉列表中选择"蓝色"，单击"确定"按钮，如图 4-21 所示。

技能点 15　演示文稿打包

【实例 19】将演示文稿分别以 PPTX、PDF 格式保存，再将演示文稿打包成 CD，最后将演示文稿打印出来。

【操作解析】

第一步：选择"文件"→"保存"命令，则将演示文稿保存为 PPTX 格式。选择"文件"→"保存并发送"命令，在"文件类型"中选择"创建 PDF/XPS 文档"，单击"创建 PDF/XPS"按钮，如图 4-22 所示。

图 4-21　放映方式设置

图 4-22　创建 PDF/XPS 文档

第二步：单击"创建 PDF/XPS"按钮后弹出"发布为 PDF 或 XPS"对话框，修改文件名为"PDF 文档"，单击"发布"按钮。创建后的 PDF 文档如图 4-23 所示。

第三步：选择"文件"→"保存并发送"命令，在"文件类型"中选择"将演示文稿打包成 CD"按钮，单击"打包成 CD"按钮，如图 4-24 所示。弹出"打包成 CD"对话框，如图 4-25 所示。单击"复制到 CD"按钮，则可将演示文稿打包成 CD。

第四步：选择"文件"→"打印"命令，在"设置"下方的下拉列表中选择"打印全部幻灯片"，在"幻灯片"下方的第一个下拉列表中选择"讲义 6 张水平放置的幻灯片"，其他设置不变，单击"打印"按钮，如图 4-26 所示。

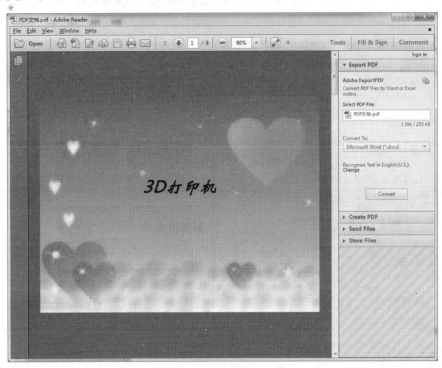

图 4-23　创建后的 PDF 文档

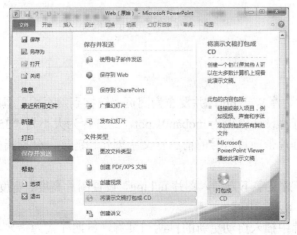

图 4-24　打包成 CD

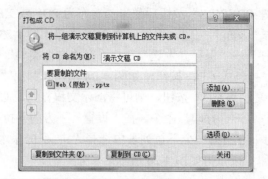

图 4-25　复制到 CD

图 4-26　打印演示文稿

2. 真题训练

【真题（一）】

完善 PowerPoint 文件 Web.ppt，并发布为网页，链接到网页中，具体要求如下：

1）设置所有幻灯片设计模板为 moban01.pot，幻灯片为大小为"35 毫米幻灯片"。

2）为第一张幻灯片带项目符号的前三行文字创建超链接，分别指向具有相应标题的幻灯片。

3）在第二张幻灯片文字下方插入图片 ucl.jpg，设置图片高度、宽度缩放比例均为 50%，图片动画效果为螺旋飞入、中速。

4）在所有幻灯片中插入自动更新的日期和页脚，日期样式为"××××年××月××日"，页脚内容为"英国名校"。

5）将制作好的演示文稿以文件名"Web"、文件类型"演示文稿（*.ppt）"保存，文件存放于考生文件夹下的 Web 站点中。

【真题（二）】

完善 PowerPoint 文件 Web.ppt，并发布为网页，链接到网页中，具体要求如下：

1）所有幻灯片应用设计模板 moban02.pot，所有幻灯片切换效果为淡出。

2）将第三张幻灯片的版式更改为"标题和内容"，为其中带项目符号的文字创建超链接，分别指向具有相应标题的幻灯片。

3）在最后一张幻灯片中插入图片 zhi.jpg，设置图片动画效果为单击时飞出到右侧。

4）将幻灯片页面设置为纵向，幻灯片编号起始值为 0，除标题幻灯片外，在其他幻灯片中插入页脚和幻灯片编号，页脚为"中国四大发明"。

5）将制作好的演示文稿以文件名"Web"、文件类型"演示文稿（*.ppt）"保存，文件存放于考生文件夹下的 Web 网站中。

【真题（三）】

完善 PowerPoint 文件 Web.ppt，并发布为网页，链接到网页中，具体要求如下：

1）所有幻灯片应用设计模板 moban03.pot，设置所有幻灯片切换效果为溶解，并伴有微风声。

2）除标题幻灯片外，在其他幻灯片中插入自动更新的日期（样式为"××××年××月××日"）。

3）在第一张幻灯片中插入图片 t1.jpg，图片水平和垂直方向距离左上角均为 8 厘米，并设置图片的动作路径为正方形，单击时发生。

4）在最后一张幻灯片的右下角插入"自定义"动作按钮，在按钮上添加文字"更多内容"，单击该按钮超链接指向网址 http://www.iotcn.org.cn。

5）将制作好的演示文稿以文件名"Web"、文件类型"演示文稿（*.ppt）"保存，文件存放于考生文件夹下的 Web 子文件夹中。

【真题（四）】

完善 PowerPoint 文件 Web.ppt，并发布为网页，链接到网页中，具体要求如下：

1）所有幻灯片背景填充"新闻纸"纹理，幻灯片切换方式为溶解。

2）设置第二张幻灯片中图片的动画效果为单击时飞出到右侧。

3）利用幻灯片母版，设置所有幻灯片的标题样式为华文新魏、48 字号。

4）在最后一张幻灯片中插入图片 yutu.jpg，设置图片高度为 10 厘米、宽度为 15 厘米，单击该图片超链接指向第一张幻灯片。

5）将制作好的演示文稿以文件名"Web"、文件类型"演示文稿（*.ppt）"保存，文件存放于考生文件夹下的 Web 子文件夹中。

【真题（五）】

完善 PowerPoint 文件 Web.ppt，并发布为网页，链接到网页中，具体要求如下：

1）所有幻灯片应用设计模板 moban05.pot，幻灯片切换效果为形状。

2）为第二张幻灯片中的"明朝"和"太平天国"创建超链接，分别指向具有相应标题的幻灯片。

3）利用幻灯片母版，在所有幻灯片（包括标题幻灯片）的右下角插入图片 nj.jpg，设置图片高度为 4 厘米、宽度为 6 厘米。

4）为第一张幻灯片中的标题设置动画效果：单击时文字放大 150%，并伴有鼓掌声。

5）将制作好的演示文稿以文件名"Web"、文件类型"演示文稿（*.ppt）"保存，文件存放于考生文件夹下的 Web 子文件夹中。

【真题（六）】

完善 PowerPoint 文件 Web.ppt，并发布为网页，链接到网页中，具体要求如下：

1）设置所有幻灯片背景图片为 back.jpg。

2）为第二张幻灯片中的文字"风雨中的母亲"和"伟大的母爱"创建超链接，分别指向具有相应标题的幻灯片。

3）除标题幻灯片外，在其他幻灯片中插入幻灯片编号和自动更新的日期（样式为"××××年××月××日"）。

4）将 memo.txt 的所有内容作为第三张幻灯片的备注，并利用幻灯片母版，设置所有幻灯片的标题样式为华文新魏、48 字号。

5）将制作好的演示文稿以文件名"Web"、文件类型"演示文稿（*.ppt）"保存，文件存放于考生文件夹下的 Web 子文件夹中。

【真题（七）】

完善 PowerPoint 文件 Web.ppt，并发布为网页，链接到网页中，具体要求如下：

1）设置所有幻灯片背景图片为 back.jpg，所有幻灯片切换效果为溶解。

2）为第三张幻灯片中的文字"布丁"和"奶茶"创建超链接，分别指向具有相应标题的幻灯片，并在文字的右侧插入图片 cs1.jpg，设置图片动画效果为单击自右侧飞入。

3）在最后一张幻灯片的右下角插入"第一张"动作按钮，超链接指向第一张幻灯片，伴有风铃声。

4）在所有幻灯片中添加幻灯片编号和页脚，页脚内容为仓鼠种类。

5）将制作好的演示文稿以文件名"Web"、文件类型"演示文稿（*.ppt）"保存，文件存放于考生文件夹下的 Web 子文件夹中。

3. 真题解析

【真题（一）操作解析】

1）第一步：打开 PowerPoint 文件 Web.ppt，选择"设计"→"主题"命令，单击右侧的下拉按钮，选择"浏览主题"命令。

第二步：在弹出的"选择主题或主题文档"对话框中选择模板"Moban01.pot"，单击"应用"按钮。

第三步：选择"设计"→"页面设置"命令，弹出"页面设置"对话框，在"幻灯片大小"下拉列表框中选择"35 毫米幻灯片"。

2）第一步：选中第一张幻灯片，选中第一行文字，右击，在弹出的快捷菜单中选择"超链接"命令。

第二步：在弹出的"插入超链接"对话框中选择相应标题的幻灯片。

第三步：重复上述步骤，完成第二、三行文字的超链接。

3）第一步：选中第二张幻灯片，选择"插入"→"图像"→"图片"命令。

第二步：在弹出的"插入图片"对话框中选择"ucl.jpg"，单击"插入"按钮。

第三步：右击图片，在弹出的快捷菜单中选择"设计图片格式"命令。

第四步：在弹出的"设置图片格式"对话框中选择"大小"，缩放比例的高度和宽度都改成"50%"。

4）第一步：选择"插入"→"文本"→"日期和时间"命令，在弹出的"页眉和页脚"对话框中先勾选"日期和时间"复选框，再点选"自动更新"单选按钮，并选择"××××年××月××日"样式。

第二步：勾选"页脚"复选框，在下面的文本框内输入文字"英国名校"。

第三步：单击"全部应用"按钮。

（5）单击标题栏上"保存"命令图标。

【真题（二）操作解析】

1）第一步：打开 PowerPoint 文件 Web.ppt，选择"设计"→"主题"命令，单击右侧的下拉按钮，选择"浏览主题"命令。

第二步：在弹出的"选择主题或主题文档"对话框中选择模板"Moban02.pot"，单击"应用"按钮。

第三步：选择"切换"→"切换到此幻灯片"→"淡出"命令。

2）第一步：选中第三张幻灯片，选择"开始"→"版式"命令，在下拉菜单中选择"标题和内容"。

第二步：选中项目符号的文字，右击，在弹出的快捷菜单中选择"超链接"命令，在弹出的"插入超链接"对话框中选择相应标题的幻灯片。

第三步：重复上述步骤，完成下面文字的超链接。

3）第一步：选中最后一张幻灯片，选择"插入"→"图像"→"图片"命令。

第二步：在弹出的"插入图片"对话框中选择"zhi.jpg"，单击"插入"按钮。

第三步：选中图片，单击"动画"右侧的下拉按钮，选择"飞出"，单击"效果选项"按钮，在下拉菜单中选择"自右侧"命令。

4）第一步：选择"设计"→"页面设置"→"幻灯片方向"命令，在下拉菜单中选择"纵向"命令。

第二步：选择"设计"→"页面设置"命令，在弹出的"页面设置"对话框中将"幻灯片编号起始值"设置为"0"。

第三步：选择"插入"→"文本"→"日期和时间"命令，勾选"页脚"复选框，在下面的文本框内输入文字"中国四大发明"。

第四步：勾选"幻灯片编号"和"标题幻灯片中不显示"两个复选框，单击"全部应用"按钮。

5）单击标题栏上"保存"命令图标。

【真题（三）操作解析】

1）第一步：打开 PowerPoint 文件 Web.ppt，选择"设计"→"主题"命令，单击右侧的下拉按钮，选择"浏览主题"命令。

第二步：在弹出的"选择主题或主题文档"对话框中选择模板"Moban03.pot"，单击"应用"按钮。

第三步：选择"切换"→"切换到此幻灯片"→"溶解"命令，单击"声音"按钮，在下拉列表中选择"风铃"命令。

2）选择"插入"→"文本"→"日期和时间"命令，在弹出的"页脚和页眉"对话框中先勾选"日期和时间"复选项，再点选"自动更新"单选按钮，并选择"××××年××月××日"样式，勾选"标题幻灯片中不显示"复选框。

3）第一步：选中第一张幻灯片，选择"插入"→"图像"→"图片"命令，在弹出的"插入图片"对话框中选择"t1.jpg"，单击"插入"按钮。

第二步：选中图片，右击，在弹出的快捷菜单中选择"设置图片格式"命令，在弹出的"设置图片格式"对话框中选择"位置"，在"水平"和"垂直"处输入"8"，在"自"处选择"左上角"。

第三步：选中图片，单击"动画"下拉按钮，在下拉菜单中选择"其他动作路径"命令，在弹出的"更改动作路径"对话框中选择"正方形"，在"计时"选项卡的"开始"处选择"单击时"。

4）第一步：选中最后一张幻灯片，单击"插入"→"插图"→"形状"下拉按钮，在下拉菜单中选择"自定义"动作按钮。

第二步：在右下角画一个动作按钮，弹出"动作设置"对话框，点选"超链接到"单选按钮，在"超链接到"下拉列表框中选择"URL"，在弹出的"超链接到URL"对话框中输入"http://www.iotcn.org.cn"。

第三步：右击动作按钮，在弹出的快捷菜单中选择"编辑文字"命令，输入"更多内容"。

5）单击标题栏上"保存"命令图标。

【真题（四）操作解析】

1）第一步：打开PowerPoint文件Web.ppt，右击，在弹出的快捷菜单中选择"设置背景格式"命令，弹出"设置背景格式"对话框，选择"填充"→"图片或文理填充"命令，单击"文理"下拉按钮，在下拉菜单中选择"新闻纸"命令，单击"全部应用"按钮。

第二步：选择"切换"→"溶解"命令。

2）选中第二张幻灯片，选中图片，选择"动画"→"飞入"命令，单击"效果选项"下拉按钮，选择"自右侧"命令。

3）选择"视图"→"幻灯片母版"命令，选中标题，右击，在弹出的快捷菜单中选择"字体"命令，把字体改为"华文新魏"，字号改为"48"。

4）第一步：选中最后一张幻灯片，选择"插入"→"图像"→"图片"命令，在弹出的"插入图片"对话框中选择"yutu.jpg"，单击"插入"按钮。

第二步：选中图片，右击，在弹出的快捷菜单中选择"设置图片格式"命令，在弹出的"设置图片格式"对话框中选择"大小"，取消勾选"锁定纵横比"复选框，在"高度"和"宽度"处分别输入"10厘米"和"15厘米"。

第三步：选中图片，右击，在弹出的快捷菜单中选择"超链接"命令，在弹出的"插入超链接"对话框中选中第一张幻灯片。

5）单击标题栏上"保存"命令图标。

【真题（五）操作解析】

1）第一步：打开 PowerPoint 文件 Web.ppt，选择"设计"→"主题"命令，单击右侧的下拉按钮，选择"浏览主题"命令。

第二步：在弹出的"选择主题或主题文档"对话框中选择模板"Moban05.pot"，单击"应用"按钮。

第三步：选择"切换"→"切换到此幻灯片"→"形状"命令。

2）第一步：选中第二张幻灯片，选中文字"明朝"，右击，在弹出的快捷菜单中选择"超链接"命令，在弹出的"插入超链接"对话框中选择相应标题的幻灯片。

第二步：重复上述步骤，完成文字"太平天国"的超链接。

3）第一步：选择"视图"→"幻灯片母版"命令。

第二步：选择"插入"→"图像"→"图片"命令，在弹出的"插入图片"对话框中选择"nj.jpg"，单击"插入"按钮。

第三步：选中图片，右击，在弹出的快捷菜单中选择"设置图片格式"命令，在弹出的"设置图片格式"对话框中选择"大小"，取消勾选"锁定纵横比"复选框，在"高度"和"宽度"处分别输入"4 厘米"和"6 厘米"。

4）第一步：选中第一张幻灯片，选中标题，单击"动画"→"动画"下拉按钮，在下拉菜单中选择"放大/缩小"命令。

第二步：单击"动画窗格"按钮，在"动画窗格"里单击下拉按钮，选择"效果选项"命令，在"尺寸"处输入"150%"，"声音"处选择"鼓掌"。

5）单击标题栏上"保存"命令图标。

【真题（六）操作解析】

1）第一步：打开 PowerPoint 文件 Web.ppt，右击，在弹出的快捷菜单中选择"设置背景格式"命令，弹出"设置背景格式"对话框，选择"填充"→"图片或文理填充"命令。

第二步：选择"文件"→"打开"命令，在弹出的"打开"对话框中选择图片"back.jpg"，单击"插入"按钮。

第三步：在"设置背景格式"对话框中单击"全部应用"按钮。

2）第一步：选中第二张幻灯片，选中文字"风中的母亲"，右击，在弹出的快捷菜单中选择"超链接"命令，在弹出的"插入超链接"对话框中选择相应标题的幻灯片。

第二步：重复上述步骤，完成文字"伟大的母爱"的超链接。

3）第一步：选择"插入"→"文本"→"日期和时间"命令，在弹出的"页眉和页脚"对话框中先勾选"日期和时间"复选项，再点选"自动更新"单选按钮，并选择"××××年××月××日"样式。

第二步：勾选"标题幻灯片中不显示"复选框。

4）第一步：打开 txt 文件"memo.txt"，复制所有内容，选中第三张幻灯片，将光标定位在"单击此处添加备注"处，把 txt 内容复制到里面。

第二步：选择"视图"→"幻灯片母版"命令，选中标题，右击，在弹出的快捷菜单中选择"字体"命令，把字体改为"华文新魏"，字号改为"48"。

5）单击标题栏上"保存"命令图标。

【真题（七）操作解析】

1）第一步：打开 PowerPoint 文件 Web.ppt，右击，在弹出的快捷菜单中选择"设置背景格式"命令，弹出"设置背景格式"对话框，选择"填充"→"图片或文理填充"命令。

第二步：选择"文件"→"打开"命令，在弹出的"打开"对话框中选择图片"back.jpg"，单击"插入"按钮。

第三步：在"设置背景格式"对话框中单击"全部应用"按钮。

第四步：选择"切换"→"切换到此幻灯片"→"溶解"命令。

2）第一步：选中第三张幻灯片，选中文字"布丁"，右击，在弹出的快捷菜单中选择"超链接"命令，在弹出的"插入超链接"对话框中选择相应标题的幻灯片。

第二步：重复上述步骤，完成文字"奶茶"的超链接。

3）第一步：选中最后一张幻灯片，单击"插入"→"插图"→"形状"下拉按钮，在下拉菜单中选择"第一张"动作按钮。

第二步：在右下角画一个动作按钮，弹出"动作设置"对话框，点选"超链接到"单选按钮，在"超链接到"下拉列表框中选择"第一张幻灯片"。

第三步：勾选"播放声音"复选框，在下拉列表框中选择"风铃"。

4）第一步：选择"插入"→"文本"→"日期和时间"命令，在弹出的"页眉和页脚"对话框中勾选"页脚"复选框，在下面的文本框内输入文字"仓鼠种类"。

第二步：勾选"幻灯片编号"复选框。

5）单击标题栏上"保存"命令图标。

PART 1

第 2 部分

技 能 篇

项目5 信息技术基础

1. 考点解析

知识点1 信息技术概念

【实例1】下列关于信息的叙述错误的是_____。

  A. 信息是指事物运动的状态及状态变化的方式

  B. 信息是指认识主体所感知或所表述的事物运动及其变化方式的形式、内容和效用

  C. 信息、物质和能源同样重要

  D. 在计算机信息系统中，信息是数据的符号化表示

【答案】D

【解析】在计算机信息系统中，数据是信息的符号化表示。

【实例2】信息处理过程可分若干个阶段，其第一阶段的活动主要是_____。

  A. 信息的收集   B. 信息的加工

  C. 信息的存储   D. 信息的传递

【答案】A

【解析】信息处理过程可分若干个阶段：信息的收集、信息的加工、信息的存储、信息的传递和信息的使用。而其第一阶段的活动主要是信息的收集。

【实例3】信息技术是指用来扩展人们信息器官功能、协助人们进行信息处理的技术，其中_____主要用于扩展人的效应器官的功能。

  A. 计算技术   B. 通信与存储技术

  C. 控制与显示技术   D. 感知与识别技术

【答案】C

【解析】基本的信息技术包括：①扩展感觉器官功能的感测（获取）与识别技术，如雷达、卫星遥感；②扩展神经系统功能的通信技术，如电话、电视、Internet；③扩展大脑功能的计算（处理）与存储技术，如计算机、机器人；④扩展效应器官功能的控制与显示技术。

【实例4】信息是一种_____。

  A. 物质   B. 能量   C. 资源   D. 知识

【答案】C

【解析】在农业社会和工业社会中，物质和能源是主要资源，主要应用于大规模的物质生产。而在信息社会中，信息成为比物质和能源更为重要的资源，以开发和利用信息资源为目的的信息经济活动迅速扩大，逐渐取代工业生产活动而成为国民经济生产活动的主要内容。

【实例5】下列关于信息系统的叙述错误的是_____。

  A. 电话是一种双向的、点对点的、以信息交互为主要目的的系统

  B. 网络聊天是一种双向的、以信息交互为目的的系统

  C．广播是一种点到多点的双向信息交互系统

  D．Internet 是一种跨越全球的多功能信息系统

【答案】C

【解析】广播是一种点到多点的单向信息交互系统。

知识点 2　微电子技术与集成电路

【实例 6】除了一些化合物半导体材料外，现代集成电路使用的半导体材料主要是_____。

【答案】硅

【解析】现代集成电路使用的半导体材料通常是硅（Si），也可以是化合物半导体砷化镓（GaAs）等。

【实例 7】目前，个人计算机使用的电子元器件主要是_____。

  A．晶体管　　　　　　　　　　B．中小规模集成电路

  C．大规模和超大规模集成电路　D．光电路

【答案】C

【解析】目前，个人计算机使用的电子元器件主要是大规模和超大规模集成电路。

【实例 8】集成电路为个人计算机（PC）的快速发展提供了基础，目前 PC 所使用的集成电路都属于大规模集成电路（LSI）。

【答案】非

【解析】SSI：小规模；MSI：中规模；LSI：大规模；VLSI：超大规模；ULSI：极大规模。现在 PC 中使用的微处理器、芯片组、图形加速芯片等都是超大规模和极大规模集成电路。

【实例 9】集成电路按用途可以分为通用型与专用型，存储器芯片属于专用集成电路。

【答案】非

【解析】集成电路按用途可以分为通用型与专用型，微处理器和存储器芯片等都属于通用集成电路。

【实例 10】著名的 Moore 定律是指单块集成电路的集成度平均每 3～4 年翻一番。

【答案】非

【解析】Moore 定律是指单块集成电路的集成度平均每 18～24 个月，即 1.5～2 年翻一番。

知识点 3　信息基本单位——比特

【实例 11】计算机中二进位信息的最小计量单位是"比特"，用字母"b"表示。

【答案】是

【解析】比特是组成信息的最小单位，一般用小写字母"b"表示。而稍大些的数字信息的计量单位是"字节"，用大写字母"B"表示，1 字节包含 8 个比特。

【实例 12】在 PC 中，存储器容量是以_____为最小单位计算的。

  A．字节　　　　B．帧　　　　C．位　　　　D．字

【答案】A

【解析】在 PC 中，存储器容量是以字节为最小单位计算的。

【实例 13】在表示计算机内存储器容量时，1GB＝_____MB。

【答案】1024

【解析】1GB＝1024MB，1MB＝1024KB。

【实例14】在描述数据传输速率时，常用的度量单位 Mb/s 是 kb/s 的_____倍。

【答案】1000

【解析】1 kb/s＝1000b/s，1 Mb/s＝1000 kb/s，1 Gb/s＝1000 Mb/s，1 Tb/s＝1000 Gb/s。

【实例15】对逻辑值 "1" 和 "0" 实施逻辑乘操作的结果是_____。

【答案】0

【解析】逻辑乘又称与运算，参加运算的两个逻辑值都为 1 时，结果才为 1，其余都为 0。

【实例16】二进制数 1011 与 0101 进行减法运算后，结果是二进制数_____。

【答案】0110

【解析】两个二进制数相减按运算规则进行，结果为 0110。

知识点 4　进制转换

【实例17】下列不同进位制的 4 个数中，最小的数是_____。

　　　　A. 二进制数 1100010　　　　　　B. 十进制数 65

　　　　C. 八进制数 77　　　　　　　　　D. 十六进制数 45

【答案】C

【解析】$(1100010)_2＝98$，$(77)_8＝63$，$(45)_{16}＝69$。

【实例18】将十进制数 937.4375 与二进制数 1010101.11 相加，其和是_____。

　　　　A. 八进制数 2010.14　　　　　　B. 十六进制数 412.3

　　　　C. 十进制数 1023.1875　　　　　D. 十进制数 1022.7375

【答案】C

【解析】分析难点：①这两个数是用不同进制表示的，要相加必须转化成同一进制；②每个选项都是不同进制，选择哪一项也是一个难点。突破难点：①先把两个数转化成人们最熟悉的十进制整数相加求和；②使用 "计算器" 程序迅速把十进制数的整数部分转换成符合各选项的进制数，进行比对选出答案。

　　本题解决方法：先把两个数转化成十进制整数相加求和，二进制数 1010101 用计算器转化成十进制是 85，与 937 相加，和为 1022，再把二进制的 0.11 转化成十进制为 0.75，小数部分相加为 1.1875，最后得出答案为 1023.1875。

【实例19】采用某种进制表示时，如果 4×5＝17，那么 3×6＝_____。

【答案】15

【解析】设 17 是 N 进制数，根据任意进制的按权展开式 17 可以写成：$(17)_N＝1×N＋7＝4×5＝20$，所以 N＝13，因此 3×6＝18＝1×13＋5＝$(15)_N$，所以 3×6＝15。

【实例20】在计算机中，8 位带符号二进制整数可表示的十进制最大值是_____。

　　　　A. 128　　　　B. 255　　　　C. 127　　　　D. 256

【答案】C

【解析】带符号二进制整数的最高位是符号位，不存储数据，所以最大的二进制为 1111111（7 个 1），转化成十进制是 127。

知识点 5　数据表示

【实例21】已知 X 的补码为 10011000，若它采用原码表示，则为_____。

　　　　A. 01101000　　　　　　　　　　B. 01100111

        C. 10011000   D. 11101000

【答案】D

【解析】原码是用最高位作为符号位，其他位不变的表示方式，所以正数只有原码一种表示方式；负数有原码、反码和补码 3 种表示方式。负数的反码是原码的符号位不变，其他位取反求得，补码是在反码的最末一位加 1 求得。现在已知补码求原码，正好倒过来计算，得出原码是 D 选项；如果要求出该数实际值，则用计算器把 1101000 转化成十进制，前面再加负号，即−104。求法步骤如下：

$$补码：\quad 10011000$$
$$\underline{\qquad\qquad -\qquad\quad 1}$$
$$反码：\quad 10010111$$
$$原码：\quad 11101000$$

当然对本题的解法可用排除法：该数有补码，说明是负数，原码的最高位应为 1，因此排除 A 选项和 B 选项，再观察原码和补码不可能相同，排除 C 选项。

【实例 22】若 10000000 是采用补码表示的一个带符号整数，该整数的十进制数值为_____。

        A. 128   B. −127   C. −128   D. 0

【答案】C

【解析】采用补码表示时整数 0 只有一种表示方法，即"0000…0000"，而−0，也就是"1000…000"被用来表示负整数-2^{n-1}。所以相同位数的二进制补码可表示的数的个数比原码多一个。

【实例 23】若十进制数"−57"在计算机内表示为 11000111，则其表示方式为_____。

        A. ASCII 码   B. 反码   C. 原码   D. 补码

【答案】D

【解析】$(10111001)_原 = -57$，$(11000111)_补 = -57$。

【实例 24】下列关于定点数与浮点数的叙述中，错误的是_____。

        A. 同一个数的浮点数表示形式并不唯一

        B. 长度相同时，浮点数的表示范围通常比定点数大

        C. 整数在计算机中用定点数表示，不能用浮点数表示

        D. 计算机中实数是用浮点数来表示的

【答案】C

【解析】任意一个实数在计算机内部都可以用"指数"和"尾数"来表示，整数和纯小数只是实数的特例。

【实例 25】下列关于整数补码表示方法的叙述中，错误的是_____。

        A. 负数的补码符号位是"1"

        B. 负数的补码是该数绝对值的原码最末位加"1"

        C. 负数的补码是该数绝对值的反码最末位加"1"

        D. 负数的补码与该数的原码形式相同

【答案】B

【解析】负数的补码符号位是"1"，绝对值部分是对原码取反后最末位加"1"。

2. 真题训练

（1）是非题

1）信息是人们认识世界和改造世界的一种基本资源。

2）信息技术是指用来取代人的信息器官功能、代替人们进行信息处理的一类技术。

3）信息系统的计算与处理技术可用于扩展人的思维器官功能，增强对信息的加工处理能力。

4）现代信息技术涉及众多领域，如通信、广播、计算机、微电子、遥感遥测、自动控制、机器人等。

5）早期的电子电路以真空电子管作为其基础元件。

6）公交 IC 卡利用无线电波传输数据，属于非接触式 IC 卡。

7）集成电路为个人计算机（PC）的快速发展提供了基础，目前 PC 所使用的集成电路都属于大规模集成电路（LSI）。

8）所谓集成电路，是指在半导体单晶片上制造出含有大量电子元件和连线的微型化的电子电路或系统。

9）集成电路是计算机的核心。它的特点是体积小、重量轻、可靠性高，但功耗很大。

10）比特可以用来表示数值和文字，但不可以用来表示图像和声音。

（2）选择题

11）下列有关信息技术和信息产业的叙述中，错误的是_____。

    A. 信息技术与传统产业相结合，对传统产业进行改造，极大地提高了传统产业的劳动生产率

    B. 信息产业是指生产制造信息设备的相关行业与部门

    C. 信息产业已经成为世界范围内的朝阳产业和新的经济增长点

    D. 我国现在已经成为世界信息产业的大国

12）下列叙述中错误的是_____。

    A. 信息是指事物运动的状态及状态变化的方式

    B. 信息是指认识主体所感知或所表述的事物运动及其变化方式的形式、内容和效用

    C. 信息、物质与能量是客观世界的三大构成要素

    D. 信息并非普遍存在，只有发达国家和地区才有可能利用信息

13）在计算机信息处理领域，下列关于数据含义的叙述中，错误的是_____。

    A. 数据是对客观事实、概念等的一种表示

    B. 数据专指数值型数据

    C. 数据可以是数值型数据和非数值型数据

    D. 数据可以是数字、文字、图画、声音和图像

14）扩展人们眼、耳、鼻等感觉器官功能的信息技术中，一般不包括_____。

    A. 感测技术   B. 识别技术   C. 获取技术   D. 存储技术

15）一般而言，计算机信息处理的内容不包含_____。

    A. 查明信息的来源与制造者   B. 信息的收集和加工

    C. 信息的存储与传递   D. 信息的控制与显示

16）就计算机对人类社会的进步与发展所起的作用而言，下列叙述中不够确切的是_____。

　　A．增添了人类发展科学技术的新手段

　　B．提供了人类创造和传承文化的新工具

　　C．引起了人类工作与生活方式的新变化

　　D．创造了人类改造自然所需要的新物质资源

17）信息技术可以帮助扩展人们信息器官的功能。例如，使用_____最能帮助扩展大脑的功能。

　　A．控制技术　　　　　　　　　　　B．通信技术

　　C．计算与存储技术　　　　　　　　D．显示技术

18）下列关于字节的叙述中，正确的是_____。

　　A．字节通常用英文单词"bit"来表示，有时也可以写作"b"

　　B．目前广泛使用的 Pentium 机字长为 5 字节

　　C．计算机中将 8 个相邻的二进制位作为一个单位，这种单位称为字节

　　D．计算机的字长并不一定是字节的整数倍

19）Moore 定律认为，单块集成电路的_____平均每 18～24 个月翻一番。

　　A．芯片尺寸　　　B．线宽　　　C．工作速度　　　D．集成度

20）集成电路制造工序繁多，从原料熔炼开始到最终产品包装大约需要_____道工序。

　　A．几　　　　　B．几十　　　C．几百　　　D．几千

21）线宽是集成电路芯片制造中重要的技术指标，目前制造 CPU 芯片的主流技术中线宽为_____。

　　A．几微米　　　　B．几纳米　　　C．几十微米　　　D．几十纳米

22）下列叙述中错误的是_____。

　　A．集成电路是微电子技术的核心

　　B．Si 是制造集成电路常用的半导体材料

　　C．现代集成电路的半导体材料已经用 GaAs 取代了 Si

　　D．微处理器芯片属于超大规模和极大规模集成电路

23）某 PC 的 CPU 高速缓冲存储器容量是 640KB，这里的 1KB 为_____。

　　A．1024B　　　　　　　　　　　　B．1000B

　　C．1024 二进制位　　　　　　　　D．1000 二进制位

24）计算机内部采用二进制表示数据信息，二进制的主要优点是_____。

　　A．容易实现　　　　　　　　　　　B．方便记忆

　　C．书写简单　　　　　　　　　　　D．符合使用的习惯

25）下列关于比特的叙述中错误的是_____。

　　A．比特是组成数字信息的最小单位

　　B．比特只有"0"和"1"两个符号

　　C．比特既可以表示数值和文字，也可以表示图像或声音

　　D．比特通常用大写的英文字母"B"来表示

26）计算机内存储器容量的计量单位之一是 GB，它相当于_____。

    A．2^{10}B   B．2^{20}B   C．2^{30}B   D．2^{40}B

27）一本 100 万字（含标点符号）的现代中文长篇小说，以 TXT 文件格式保存在 U 盘中时，需要占用的存储空间大约是_____。

    A．512KB   B．1MB   C．2MB   D．4MB

28）下列十进制整数中，能用二进制 8 位无符号整数正确表示的是_____。

    A．257   B．201   C．312   D．296

29）下列 4 个不同进位制的数中，最大的数是_____。

    A．十进制数 73.5   B．二进制数 1001101.01

    C．八进制数 115.1   D．十六进制数 4C.4

30）二进制数 01 与 01 分别进行算术加和逻辑加运算，其结果用二进制形式分别表示为_____。

    A．01、10   B．01、01   C．10、01   D．10、10

31）十进制数 221 用二进制数表示是_____。

    A．1100001   B．11011101   C．0011001   D．1001011

32）以下选项中，两数相等的一组数是_____。

    A．十进制数 54020 与八进制数 54732

    B．八进制数 13657 与二进制数 1011110101111

    C．十六进制数 F429 与二进制数 1011010000101001

    D．八进制数 7324 与十六进制数 B93

33）二进制数 0111110 转换成十六进制数是_____。

    A．3F   B．DD   C．4A   D．3E

34）将十进制数 89.625 转换成二进制数表示，其结果是_____。

    A．1011001.101   B．1011011.101   C．1011001.011   D．1010011.100

35）下列 4 种不同数制表示的数中，数值最大的一个是_____。

    A．八进制数 227   B．十进制数 789

    C．十六进制数 1FF   D．二进制数 1010001

36）将二进制数 1100.11 转换成十进制数表示，其结果是_____。

    A．12.55   B．12.65   C．12.75   D．12.85

37）在 PC 中，带符号二进制整数是采用_____编码方法表示的。

    A．原码   B．反码   C．补码   D．移码

38）已知 X 的补码为 10011000，若它采用原码表示，则为_____。

    A．01101000   B．01100111   C．01100111   D．11101000

39）实施逻辑乘运算 11001010∧00001001 后的结果是_____。

    A．00001000   B．11000001   C．00001001   D．11001011

40）有一个数是 123，它与十六进制数 53 相等，那么该数值是_____。

    A．八进制数   B．十进制数   C．五进制   D．二进制数

（3）填空题

41）计算机不仅能进行复杂的数学运算，而且能对文字、图像和声音等进行处理，它是

一种通用的_____处理工具。

42）计算机作为信息处理工具，应用于科学研究、工农业生产、社会服务、家庭生活等各个方面，具有_____性。

43）在计算机内部，8 位带符号二进制整数可表示的十进制最大值是_____。

44）带符号整数使用_____位表示该数的符号，"0"表示正数，"1"表示负数。

45）3 个比特的编码可以表示_____种不同的状态。

46）二进制数 0110 与 0101 进行算术加法运算后，结果是二进位数_____。

47）二进制数进行逻辑运算 10101∧10011 的运算结果是_____。

48）二进制数进行逻辑运算 110∨101 的运算结果是_____。

49）二进制数进行逻辑运算 1010 OR 1001 的运算结果是_____。

50）与八进制数 377 等值的二进制数是_____。

3. 真题解析

（1）是非题

1）【答案】是

【解析】信息是极其普遍和广泛的，它作为人们认识世界、改造世界的一种基本资源，与人类的生存和发展有着密切的关系。

2）【答案】非

【解析】信息技术是指用来扩展人们信息器官功能、协助人们进行信息处理的一类技术。

3）【答案】是

【解析】信息系统的计算与处理技术可用于扩展人的思维器官，即大脑的功能，增强对信息的加工处理能力。

4）【答案】是

【解析】现代信息技术的主要特征是以数字技术为基础，以计算机为核心，采用电子技术（包括激光技术）进行信息的收集、传递、加工、存储、显示与控制，它包括通信、广播、计算机、微电子、遥感遥测、自动控制、机器人等领域。

5）【答案】是

【解析】目前，计算机的发展历史依据组成元器件被分为 4 个时代，即电子管计算机、晶体管计算机、集成电路计算机和超大规模集成电路计算机。而早期的电子电路以真空电子管作为其基础元件。

6）【答案】是

【解析】非接触式 IC 卡又称射频卡、感应卡。它成功地解决了无源（卡中无电源）和免接触这一难题，主要用于公交、轮渡、地铁的自动收费系统，也应用在门禁管理、身份证明和电子钱包。

7）【答案】非

【解析】SSI：小规模；MSI：中规模；LSI：大规模；VLSI：超大规模；ULSI：极大规模。现在 PC 中使用的微处理器、芯片组、图形加速芯片等都是超大规模和极大规模集成电路。

8）【答案】是

【解析】集成电路（integrated circuit，IC）是以半导体单晶片作为材料，经平面工艺加工制造，将大量晶体管、电阻器等元器件及互连线构成的电子线路集成在基片上，构成一个微型化的电路或系统。

9)【答案】非

【解析】集成电路功耗很小。

10)【答案】非

【解析】比特是组成数字信息的最小单位。比特在不同的场合有不同的含义，可以表示数值、文字和符号，还可以表示图像和声音。

（2）选择题

11)【答案】D

【解析】我国是发展中国家，现在还不属于世界信息产业的大国。

12)【答案】D

【解析】信息是普遍存在的，任何国家和地区都可以利用信息。

13)【答案】B

【解析】计算机信息处理领域数据不是专指数值型数据。

14)【答案】D

【解析】扩展人们眼、耳、鼻等感觉器官功能的信息技术主要是感测技术（获取）与识别技术，不包括存储技术。

15)【答案】A

【解析】信息处理过程包括信息的收集、信息的加工、信息的存储、信息的传递和信息的使用。

16)【答案】D

【解析】计算机不会创造人类改造自然所需要的新物质资源。

17)【答案】C

【解析】信息技术可以帮助扩展人们信息器官的功能，计算与存储技术主要用于扩展人的大脑的功能。

18)【答案】C

【解析】A 选项：字节通常用 Byte 表示，缩写为 B。B 选项：Pentium 机字长为 32bit。D 选项：字长总是 8 的倍数。

19)【答案】D

【解析】Moore 定律是指单块集成电路的集成度平均每 18～24 个月，即 1.5～2 年翻一番。

20)【答案】C

【解析】集成电路制造工序繁多，从原料熔炼开始到最终产品包装大约需要 400 道工序。

21)【答案】D

【解析】当前世界上集成电路批量生产的主流技术已经达到 12～14in 晶元，45nm 或 32nm（1nm＝10^{-9}m）的技术水平，并在近年内向 22nm 及以下尺寸方向发展。

22)【答案】C

【解析】现代集成电路使用的半导体材料通常是硅（Si），也可以是化合物半导体砷化镓（GaAs）等。

23)【答案】A

【解析】1KB=1024B。

24）【答案】A

【解析】二进制是计算机中的数据表示形式，是因为二进制有如下特点：简单可行、容易实现、运算规则简单、适合逻辑运算。

25）【答案】D

【解析】比特通常用小写的英文字母"b"来表示。大写的英文字母"B"用来表示字节。

26）【答案】C

【解析】1KB=1024B；1MB=1024KB；1GB=1024MB；1TB=1024GB。

27）【答案】C

【解析】汉字字符在计算机内部都采用 2B 来表示，所以 100 万字占的存储空间是 100 万×2B，约 200 万字节，约 2MB。

28）【答案】B

【解析】无符号二进制整数的最高位不表示符号位，可以存储数据，所以最大的二进制为 11111111（8 个 1），用计算器转化成十进制是 255，8 位无符号整数表示范围为 0～255。

29）【答案】B

【解析】这几个选项是用不同进制表示的，要比较大小必须转化成同一进制。先把选项的整数部分转化成十进制整数，$(1001101)_2$=77，$(115)_8$=77，$(4C)_{16}$=76，比较各选项的整数部分排除 A、D 选项；比较小数部分，小数部分 B 选项$(0.01)_2$=$(0.25)_{10}$，C 选项$(0.1)_8$=$(0.125)_{10}$，得出 B 选项的值是 77.25，C 选项的值是 77.125，所以 B 选项值最大。

30）【答案】C

【解析】二进制数 01 与 01 进行算术加结果为 10（"逢二进一"），进行逻辑加运算结果为 01。

31）【答案】B

【解析】用"除 2 取余"法把 221 用 2 去除直至商为 0，按逆序写出余数即可。

32）【答案】B

【解析】把不同进制的数据转化成同一进制后再比较大小。二进制数 1011110101111 转换成八进制后是 13657。

33）【答案】D

【解析】二进制整数转换成十六进制整数的方法是，从个位数开始向左按每 4 位二进制数一组划分，不足 4 位的前面补 0，然后各组代之以一位十六进制数字即可。

34）【答案】A

【解析】十进制转换成二进制时整数和小数分别进行转换。整数部分"除 2 取余"，小数部分"乘 2 取整"。

35）【答案】B

【解析】这类题的一般方法都是将非十进制数转换成十进制数，才能进行统一的对比。非十进制转换成十进制的方法是按权展开，累加求和。

36）【答案】C

【解析】把 1100.11 按权展开，$1×2^3+1×2^2+0×2^1+0×2^0+1×2^{-1}+1×2^{-2}=8+4+0+0+0.5+0.25=12.75$。

37）【答案】C

【解析】用原码表示虽然与人们日常使用的方法比较一致，但由于数值"0"有两种表示方法，且加法和减法运算规则不统一，需要分别使用加法器和减法器来完成，增加了 CPU 的成本。为此，数值为负的数在计算机内采用补码，而正数的 3 种表示方法是相同的。采用补码表示后加法和减法运算可以统一使用加法器来完成。

38)【答案】D

【解析】原码除符号位外其余各位取反加"1"得到补码。原码 11101000 对应的反码为 10010111，末位加"1"后得到补码为 10011000。

39)【答案】A

【解析】二进制的逻辑乘运算规则是只有两个相对应位上的值同时为"1"，结果才为"1"，否则都为"0"，所以 A 选项正确。

40)【答案】A

【解析】逐一转换成把选项中的各个进制数转化为十进制数进行对比。十六进制数 53 和八进制数 123 转换成十进制数是 83 相等，所以是八进制。

（3）填空题

41)【答案】信息

【解析】计算机不仅能进行复杂的数学运算，而且能对文字、图像和声音等进行处理，它是一种通用的信息处理工具。

42)【答案】普通性和广泛性

【解析】计算机作为信息处理工具，应用于科学研究、工农业生产、社会服务、家庭生活等各个方面，具有普遍性和广泛性。

43)【答案】127

【解析】8 位带符号二进制整数可表示的十进制的范围为 $-127\sim127$。n 位带符号二进制整数的表示范围为 $-2^{n-1}+1\sim2^{n-1}-1$。

44)【答案】一个二进

【解析】带符号的整数必须使用一个二进位作为其符号位，一般总是最高位（最左的一位），"0"表示正数，"1"表示负数，其余各位则用来表示数值的大小。

45)【答案】8

【解析】$2^3=8$。

46)【答案】1011

【解析】根据算术加法运算规则，两个多位二进制数的加法必须考虑向高位进位。

47)【答案】10001

【解析】两个多位二进制数进行逻辑运算时，它们按位独立进行，即每一位不受其他位的影响。"∧"表示逻辑乘。

48)【答案】111

【解析】两个多位二进制数进行逻辑运算时，它们按位独立进行，即每一位不受其他位的影响。"∨"表示逻辑加。

49)【答案】1011

【解析】两个多位二进制数进行逻辑运算时，它们按位独立进行，即每一位不受其他位的影响。"OR"表示逻辑加。

50)【答案】11111111

【解析】将八进制数的每一位用三位等值的二进制数替换即可得到最后结果。

项目6　网络通信基础

1. 考点解析

知识点1　数字通信基础

【实例1】下列不属于数字通信系统性能指标的是_____。

  A. 信道带宽   B. 数据传输速率

  C. 误码率   D. 通信距离

【答案】D

【解析】数字通信系统性能指标有信道带宽、数据传输速率、误码率和端—端延迟。

【实例2】以下信息传输方式中，_____不属于现代通信范畴。

  A. 电报   B. 电话   C. 传真   D. DVD

【答案】D

【解析】DVD不属于通信范畴。

【实例3】关于微波，下列说法中正确的是_____。

  A. 短波比微波的波长短

  B. 微波的衍射能力强

  C. 微波是一种具有极高频率的电磁波

  D. 微波仅用于模拟通信，不能用于数字通信

【答案】C

【解析】微波是一种300M～300GHz的电磁波。

【实例4】通信卫星是一种特殊的_____通信中继设备。

  A. 微波   B. 激光   C. 红外线   D. 短波

【答案】A

【解析】通信卫星是一种特殊的微波通信中继设备。

【实例5】移动通信是指处于移动状态的对象之间的通信，下列叙述中错误的是_____。

  A. 20世纪70～80年代移动通信开始进入个人领域

  B. 移动通信系统进入个人领域的主要标志就是手机的广泛使用

  C. 移动通信系统由移动台、基站、移动电话交换中心等组成

  D. 目前广泛使用的GSM属于第三代移动通信系统

【答案】D

【解析】GSM属于第二代移动通信系统。

【实例6】在无线广播系统中，一部收音机可以收听多个不同的电台节目，其采用的信道复用技术是_____多路复用。

  A. 频分   B. 时分   C. 码分   D. 波分

【答案】A

【解析】"频分多路复用"将每个信源发送的信号调制在不同频率的载波上，通过多路复

用器将它们复合成为一个信号，然后在同一传输线路上进行传输。抵达接收端之后，借助分路器（如收音机和电视机的调谐装置）把不同频率的载波送到不同的接收设备，从而实现传输线路的复用。

【实例 7】下列关于无线通信的叙述中，错误的是_____。

    A．无线电波、微波、红外线、激光等都可用于无线通信

    B．卫星是一种特殊的无线电波中继系统

    C．中波的传输距离可以很远，而且有很强的穿透力

    D．红外线通信通常只局限于较小的范围

【答案】C

【解析】中波的传输距离可以很远，而且衍射能力较强。

【实例 8】光纤所采用的信道多路复用技术称为_____多路复用技术。

    A．频分   B．时分   C．码分   D．波分

【答案】D

【解析】所谓波分多路复用就是指在一根光纤中同时传输几种不同波长的光波。

知识点 2 计算机网络基础

【实例 9】关于计算机组网的目的，下列描述中不完全正确的是_____。

    A．进行数据通信

    B．提高计算机系统的可靠性和可用性

    C．信息随意共享

    D．实现分布式信息处理

【答案】C

【解析】资源共享要获得允许。

【实例 10】计算机网络按其所覆盖的地域范围，一般可分为_____。

    A．局域网、广域网和万维网   B．局域网、广域网和互联网

    C．局域网、城域网和广域网   D．校园网、局域网和广域网

【答案】C

【解析】计算机网络按其所覆盖的地域范围，一般可分为局域网、城域网和广域网。

【实例 11】下列关于计算机网络分类的描述中，错误的是_____。

    A．按网络覆盖的地域范围可分为局域网、广域网和城域网

    B．按网络使用性质可分为公用网与专用网

    C．按网络使用范围及对象可分为企业网、校园网、政府网等

    D．按网络用途可分为星形网及总线型网

【答案】D

【解析】计算机网络有多种不同的类型，分类方法也很多。例如，按使用的传输介质可分为有线网和无线网；按网络的使用性质可分为公用网和专用网；按网络的使用范围和对象可分为企业网、政府网、金融网和校园网等。更多的情况下是，按覆盖的地域范围分为局域网、城域网和广域网。在局域网中按各种设备互连的拓扑结构可以分为星形网、环形网、总线型网等。

【实例 12】下列有关客户/服务器工作模式的叙述中，错误的是_____。

A. 采用客户/服务器模式的系统的控制方式为集中控制

B. 客户/服务器工作模式简称 C/S 模式

C. 客户请求使用的资源需通过服务器提供

D. 客户工作站与服务器都应运行相关的软件

【答案】D

【解析】客户机/服务器（C/S）模式中，服务器是网络的核心，而客户机是网络的基础，客户机依靠服务器获得所需要的网络资源，而服务器为客户机提供网络必需的资源。

【实例 13】下列关于网络对等工作模式的叙述中，正确的是_____。

A. 对等工作模式中网络的每台计算机不是服务器，就是客户机，角色是固定的

B. 对等网络中可以没有专门的硬件服务器，也可以不需要网络管理员

C. Google 搜索引擎服务是 Internet 上对等工作模式的典型实例

D. 对等工作模式适用于大型网络，安全性较高

【答案】B

【解析】对等模式的特点是网络中的每台计算机既可以充当服务请求者，又可以充当服务提供者。这种情况以局域网居多，可共享的资源主要是文件和打印机，由资源所在的计算机管理，不需要专门的硬件服务器，也不需要网络管理员，但一般限于小型网络，性能不高，安全性也较差。

【实例 14】目前使用比较广泛的交换式局域网是一种采用_____拓扑结构的网络。

A. 星形　　　　B. 总线型　　　　C. 环形　　　　D. 网形

【答案】A

【解析】交换式以太网以以太交换机为中心构成，是一种星形拓扑结构的网络。

【实例 15】下列关于共享式以太网的说法错误的是_____。

A. 采用总线结构　　　　B. 数据传输的基本单位称为 MAC

C. 以广播方式进行通信　　　　D. 需使用以太网卡才能接入网络

【答案】B

【解析】数据传输的基本单位称为 bit。

知识点 3　网络协议

【实例 16】网络通信协议是计算机网络的组成部分之一，它的主要作用是_____。

A. 负责说明本地计算机的网络配置

B. 负责协调本地计算机中的网络硬件与软件

C. 规定网络中所有通信链路的性能要求

D. 规定网络中计算机相互通信时需要共同遵守的规则和约定

【答案】D

【解析】网络中计算机相互通信时需要共同遵守的规则和约定称为网络通信协议。

【实例 17】下列网络协议中，不用于收发电子邮件的是_____。

A. POP3　　　　B. SMTP　　　　C. IMAP　　　　D. FTP

【答案】D

【解析】POP 是 post office protocol，即邮局协议的简称。POP3 不支持对服务器上邮件进行扩展操作，此过程由更高级的 IMAP4 完成。IMAP 是 internet mail access protocol，即交互式邮件存取协议的简称。SMTP 是 simple mail transfer protocal，即简单邮件传输协议的简称，目标是向用户提供高效、可靠的邮件传输。FTP 是 TCP/IP 协议组中的协议之一，是 file transfer protocol，即文件传输协议的简称。

【实例 18】无线局域网采用的通信协议主要有 IEEE802.11 及_____等标准。

　　A．IEEE802.3　　B．IEEE802.4　　C．IEEE802.8　　D．蓝牙

【答案】D

【解析】无线局域网采用的通信协议主要有 IEEE802.11（俗称 Wi-Fi）。蓝牙技术最早由爱立信公司提出，后来 IEEE 将它作为个人无线区域网协议的基础。

【实例 19】IP 数据报数据部分的长度是固定的。

【答案】非

【解析】数据区的长度可以根据应用而改变。

【实例 20】IP 数据报头部包含数据报的发送方和接收方网卡的 MAC 地址。

【答案】非

【解析】IP 数据报头部包含数据报的发送方和接收方的 IP 地址、IP 协议版本号、头部长度、数据报长度、服务类型。

【实例 21】以太网在传送数据时，将数据分成一个个帧，每个节点每次可传送_____帧。

　　A．1 个　　　　B．2 个　　　　C．3 个　　　　D．视需要而定

【答案】A

【解析】局域网中采用分组交换技术，为使网络上的计算机都能得到迅速而公平的数据传输机会，局域网要求每台计算机把要传输的数据分成小块（称为帧），一次只能传输一帧。帧的格式包含需要传输的数据，还必须包含发送该数据帧的源计算机地址和接收数据的目的计算机地址。

【实例 22】TCP/IP 协议标准将计算机网络通信的技术实现划分为应用层、传输层、网络互连层等，其中 HTTP 协议属于_____层。

【答案】应用

【解析】TCP/IP 协议标准将计算机网络通信的技术实现划分为应用层、传输层、网络互连层等，其中 HTTP 协议属于应用层。

知识点 4　Internet 接入

【实例 23】利用有线电视网和电缆调制解调器（cable modem）接入 Internet 有许多优点，下列叙述中错误的是_____。

　　A．无须拨号　　　　　　　　　B．不占用电话线

　　C．可永久连接　　　　　　　　D．数据传输独享带宽且速率稳定

【答案】D

【解析】电缆调制解调器所依赖的 HFC 系统的拓扑结构是分层的树形总线结构，其多个终端用户共享连接段线路的带宽，当段内同时上网的用户数目较多时，各个用户所得到的有效带宽将会下降。

【实例 24】使用 ADSL 接入 Internet 时，_____。

    A．在上网的同时可以接听电话，两者互不影响

    B．在上网的同时不能接听电话

    C．在上网的同时可以接听电话，但数据传输暂时中止，挂机后恢复

    D．线路会根据两者的流量动态调整两者所占比例

【答案】A

【解析】ADSL 的特点是一条电话线可以同时接听、拨打电话的同时进行数据传输，两者互不影响。

【实例 25】以下所列的 Internet 接入技术中，下行流比上行流传输速率更高的是_____。

    A．普通电话 modem   B．ISDN

    C．ASDL   D．光纤接入网

【答案】C

【解析】ADSL 是一种接收信息远多于发送信息的用户而优化设计的技术。为适应这类应用，ADSL 为下行数据流提供比上行流更高的传输速率。

【实例 26】利用有线电视系统接入 Internet 时，有线电视网所使用的传输介质是_____。

    A．双绞线   B．同轴电缆

    C．光纤   D．光纤同轴电缆混合网（HFC）

【答案】D

【解析】有线电视系统已广泛采用光纤同轴电缆混合网（HFC）。

【实例 27】构建无线局域网时，必须使用无线网卡才能将 PC 接入网络。

【答案】是

【解析】构建无线局域网时，必须使用无线网卡才能将 PC 接入网络。

知识点 5　IP 地址和域名系统

【实例 28】若 IP 地址为 129.29.140.5，则该地址属于_____类地址。

【答案】B

【解析】A 类 IP 地址的特征是二进制表示的最高位为"0"（首字节小于 128）；B 类 IP 地址的特征是其二进制表示的最高两位为"10"（首字节大于等于 128 但小于 192）；C 类 IP 地址的特征是其二进制表示的最高 3 位为"110"（首字节大于等于 192 但小于 224）。

【实例 29】下列关于域名的叙述中，错误的是_____。

    A．域名是 IP 地址的一种符号表示

    B．上网的每台计算机都有一个 IP 地址，所以也有一个各自的域名

    C．把域名翻译成 IP 地址的软件称为域名系统 DNS

    D．运行域名系统 DNS 的主机叫作域名服务器，每个校园网都有一个域名服务器

【答案】D

【解析】域名是 IP 地址的一种符号表示，把域名翻译成 IP 地址的软件称为域名系统 DNS，运行域名系统 DNS 的主机叫作域名服务器。网络中的域名服务器存放着它所在网络中全部主机的域名和 IP 地址的对照表。域名服务器是由网络机构设置的，校园网没有。

【实例 30】Internet 中每台主机的域名中，最末尾的一个子域通常为国家或地区代码，

如中国的国家代码为 CN，美国的国家代码为_____。

      A. USA   B. AMR   C. US   D. 空白

【答案】D

【解析】由于 Internet 起源于美国，所以美国通常不使用国家代码作为第 1 级域名。

知识点 6 Internet 提供的服务

【实例 31】要发送电子邮件就需要知道对方的邮件地址，邮件地址包括邮箱名和邮箱所在的主机域名，两者中间用_____隔开。

【答案】@

【解析】邮件地址由两部分组成，第 1 部分为邮箱名，第 2 部分为邮箱所在的邮件服务器的域名，两者用@隔开。

【实例 32】只要以 anonymous 作为登录名，以自己的电子邮件账户名为口令，即可登录任何 FTP 服务器。

【答案】非

【解析】只有提供文件共享服务（称为匿名 FTP 服务器），以 anonymous 为登录名，以自己的电子邮件账户名为口令才可登录，其他不可以。

【实例 33】在 WWW 应用中，英文缩写 URL 的中文含义是_____定位器。

【答案】统一资源

【解析】在 WWW 应用中，英文缩写 URL 的中文含义是统一资源定位器。

【实例 34】常用的搜索引擎有 Google、Yahoo、天网、百度等。其中天网搜索一般用于网页的检索，而不能用于文件搜索。

【答案】非

【解析】Web 信息检索功能包括网页检索、新闻检索、图片检索、音乐检索、视频检索、地图检索、学术检索、购物检索等。

【实例 35】从概念上讲，Web 浏览器由一组客户程序、HTML 解释器和一个作为核心来管理它们的_____程序组成。

【答案】控制

【解析】Web 浏览器由一组客户程序、HTML 解释器和一个作为核心来管理它们的控制程序组成。

【实例 36】FTP 服务器提供文件下载服务，但不允许用户上传文件。

【答案】非

【解析】FTP 服务器提供文件下载服务，允许用户上传文件。

【实例 37】FTP 服务器要求客户提供用户名（或匿名）和口令，然后才可以进行文件传输。

【答案】是

【解析】FTP 服务器要求客户提供用户名（或匿名）和口令，然后才可以进行文件传输。

知识点 7 网络信息安全

【实例 38】在网络环境下，数据安全是一个重要的问题，所谓数据安全就是指数据不能被外界访问。

【答案】非

【解析】为了保证网络信息的安全，首先需要正确评估系统信息的价值，确定相应的安全要求与措施，其次是安全措施必须能够覆盖数据在计算机网络系统中存储、传输和处理等环节。

【实例39】在计算机网络中，_____用于验证消息发送方的真实性。

      A. 病毒防范   B. 数据加密

      C. 数字签名   D. 访问控制

【答案】C

【解析】数字签名的目的是让对方相信消息的真实性。

【实例40】金融系统采用实时复制技术将本地数据传输到异地的数据中心进行备份，将有利于信息安全和灾难恢复。

【答案】是

【解析】金融系统采用实时复制技术将本地数据传输到异地的数据中心进行备份，将有利于信息安全和灾难恢复。

【实例41】下列关于计算机病毒的说法中，正确的是_____。

      A. 杀病毒软件可清除所有病毒

      B. 计算机病毒通常是一段可运行的程序

      C. 加装防病毒卡的计算机不会感染病毒

      D. 病毒不会通过网络传染

【答案】B

【解析】杀毒软件不能保证可清除所有病毒；加装防病毒卡不能保证计算机不会感染病毒；病毒会通过网络传染。

【实例42】计算机病毒是指_____。

      A. 编制有错误的程序

      B. 设计不完善的程序

      C. 已被损坏的程序

      D. 特制的具有自我复制和破坏性的程序

【答案】D

【解析】计算机病毒是一些人蓄意编制的一种具有寄生性和自我复制能力的计算机程序。

【实例43】_____通常是设置在内部网络和外部网络之间的一道屏障，其目的是防止网内受到有害的和破坏性的侵入。

      A. 认证技术   B. 加密技术

      C. 防火墙   D. 防病毒软件

【答案】C

【解析】防火墙通常是设置在内部网络和外部网络之间的一道屏障，其目的是防止网内受到有害的和破坏性的侵入。

【实例44】计算机感染病毒后会产生各种异常现象，但一般不会引起_____。

      A. 文件占用的空间变大   B. 机器发出异常蜂鸣声

      C. 屏幕显示异常图形   D. 主机内的电扇不转动

【答案】D

【解析】主机内电扇正常与否一般与病毒无关。

【实例 45】全面的网络信息安全方案不仅要覆盖到数据流在网络系统中的所有环节，还应当包括信息使用者、传输介质和网络等方面的管理措施。

【答案】是

【解析】为了保证网络信息的安全，首先需要正确评估系统信息的价值，确定相应的安全要求与措施，其次是安全措施必须能够覆盖数据在计算机网络系统中存储、传输和处理等环节。

2. 真题训练

（1）是非题

1）数字签名的主要目的是鉴别消息来源的真伪，它不能保证消息在传输过程中是否被篡改。

2）接入无线局域网的每台计算机都需要有一块无线网卡，其数据传输速率目前已可达到 1Gb/s。

3）使用多路复用技术能够很好地解决信号的远距离传输问题。

4）无线局域网采用的协议主要是 802.11，通常又称 Wi-Fi。

5）数字签名在电子政务、电子商务等领域中应用越来越普遍，我国法律规定，它与手写签名或盖章具有同等的效力。

6）无线局域网需使用无线网卡、无线接入点等设备，无线接入点的英文简称为 WAP 或 AP，俗称"热点"。

7）Internet 防火墙是安装在 PC 上仅用于防止病毒入侵的硬件系统。

8）一个实际的通信网络包含终端设备、传输线路、交换器等设备，其中传输线路和交换器等构成了传输信息的信道。

9）"蓝牙"是一种近距离无线数字通信的技术标准，适合于办公室或家庭内使用。

10）通信系统概念上由 3 个部分组成：信源与信宿、携带了信息的信号及传输信号的信道。三者缺一不可。

11）网上银行和电子商务等交易过程中，由网络传输的交易数据（如汇款金额、账号等）通常是经过加密处理的。

12）在采用时分多路复用（TDM）技术的传输线路中，不同时刻实际上是为不同通信终端服务的。

13）防火墙的基本工作原理是对流经它的 IP 数据报进行扫描，检查其 IP 地址和端口号，确保进入子网和流出子网的信息的合法性。

（2）选择题

14）数据传输速率是计算机网络的一项重要性能指标，下列不属于计算机网络数据传输常用单位的是_____。

　　A. kb/s　　　　　　B. Mb/s　　　　　　C. Gb/s　　　　　　D. MB/s

15）以下关于 IP 协议的叙述中，错误的是_____。

　　A. IP 属于 TCP/IP 协议中的网络互连层协议

　　B. 现在广泛使用的 IP 协议是第 6 版（IPv6）

　　C. IP 协议规定了在网络中传输的数据报的统一格式

D．IP 协议还规定了网络中的计算机如何统一进行编址

16）下列通信方式中，_____不属于微波远距离通信。

 A．卫星通信   B．光纤通信 C．手机通信 D．地面接力通信

17）在计算机网络中，一台计算机的硬件资源中_____一般不能被其他计算机共享。

 A．处理器   B．打印机 C．硬盘   D．键盘和鼠标

18）下列关于网络信息安全措施的叙述中，正确的是_____。

 A．带有数字签名的信息是未泄密的

 B．防火墙可以防止外界接触到内部网络，从而保证内部网络的绝对安全

 C．数据加密的目的是在网络通信被窃听的情况下仍然保证数据的安全

 D．使用最好的杀毒软件可以杀掉所有的病毒

19）在分组交换网中进行数据报传输时，每一台分组交换机需配置一张转发表，其中存放着_____信息。

 A．路由   B．数据 C．地址   D．域名

20）以下有关无线通信技术的叙述中，错误的是_____。

 A．波具有较强的电离层反射能力，适用于环球通信

 B．卫星通信利用人造地球卫星作为中继站转发无线电信号，实现在两个或多个地球站之间的通信

 C．卫星通信也是一种微波通信

 D．手机通信不属于微波通信

21）将异构的计算机网络进行互连，通常使用的网络互连设备是_____。

 A．网桥   B．集线器 C．路由器 D．中继器

22）下列关于无线接入 Internet 方式的叙述中，错误的是_____。

 A．采用无线局域网接入方式，可以在任何地方接入

 B．采用 3G 移动电话上网比 GPRS 快得多

 C．采用移动电话网接入，只要有手机信号的地方，就可以上网

 D．目前采用移动电话上网的费用还比较高

23）衡量计算机网络中数据链路性能的重要指标之一是"带宽"。下列有关带宽的叙述中错误的是_____。

 A．链路的带宽是该链路的平均数据传输速率

 B．电信局声称 ADSL 下行速率为 2Mb/s，其实指的是带宽为 2Mb/s

 C．千兆校园网的含义是学校中大楼与大楼之间的主干通信线路带宽为 1Gb/s

 D．通信链路的带宽与采用的传输介质、传输技术和通信控制设备等密切相关

24）以下关于 TCP/IP 协议的叙述中，正确的是_____。

 A．TCP/IP 协议只包含传输控制协议和网络互连协议

 B．TCP/IP 协议是最早的网络体系结构国际标准

 C．TCP/IP 协议广泛用于异构网络的互连

 D．TCP/IP 协议将网络划分为 7 个层次

25）局域网常用的拓扑结构有环形、星形和_____。

 A．超链形   B．总线型 C．蜂窝形 D．分组形

26）下列关于网络信息安全的叙述中，正确的是_____。

    A．为了在网络通信被窃听的情况下，也能保证数据的安全

    B．数字签名的主要目的是对信息加密

    C．Internet 防火墙的目的是允许单位内部的计算机访问外网，而外界计算机不能访问内部网络

    D．所有黑客都是利用微软产品存在的漏洞对计算机网络进行攻击与破坏的

27）确保网络信息安全的目的是保证_____。

    A．计算机能持续运行　　　　　　　B．网络能高速数据传输

    C．信息不被泄露、篡改和破坏　　　D．计算机使用人员的人身安全

28）给局域网分类的方法很多，_____是按拓扑结构分类的。

    A．有线网和无线网　　　　　　　　B．星形网和总线型网

    C．以太网和 FDDI 网　　　　　　　D．高速网和低速网

29）路由器用于连接异构的网络，它收到一个 IP 数据报后要进行许多操作，这些操作不包含_____。

    A．域名解析　　　　　　　　　　　B．路由选择

    C．帧格式转换　　　　　　　　　　D．IP 数据报的转发

30）下列关于 Internet 服务提供商（ISP）的叙述中，错误的是_____。

    A．ISP 是指向个人、企业、政府机构等提供 Internet 接入服务的公司

    B．Internet 已经逐渐形成了基于 ISP 的多层次结构，最外层的 ISP 又称本地 ISP

    C．ISP 通常拥有自己的通信线路和许多 IP 地址，用户计算机的 IP 地址是由 ISP 分配的

    D．家庭计算机用户在江苏电信或江苏移动开户后，就可分配一个固定的 IP 地址进行上网

31）假设 IP 地址为 202.119.24.5，为了计算出它的网络号，下列最有可能用作其子网掩码的是_____。

    A．255.0.0.0　　　　　　　　　　　B．255.255.0.0

    C．255.255.255.0　　　　　　　　　D．255.255.255.255

32）计算机网络有客户/服务器模式和对等模式两种工作模式。下列有关网络工作模式的叙述中，错误的是_____。

    A．Windows 操作系统中的"网上邻居"是按对等模式工作的

    B．在客户/服务器模式中通常选用一些性能较高的计算机作为服务器

    C．Internet"BT"下载服务采用对等工作模式，其特点是"下载的请求越多、下载速度越快"

    D．两种工作模式均要求计算机网络的拓扑结构必须为总线型结构

33）局域网是指较小地域范围内的计算机网络。下列关于计算机局域网的描述，错误的是_____。

    A．数据传输速率高　　　　　　　　B．通信可靠性好（误码率低）

    C．通常由电信局进行建设和管理　　D．可共享网络中的软硬件资源

34）若在一个空旷区域内无法使用任何 GSM 手机进行通信，其原因最有可能是
_____。
  A．该区域的地理特征使手机不能正常使用
  B．该区域没有建立 GSM 基站或基站发生故障
  C．该区域没有建立移动电话交换中心
  D．该区域的信号被屏蔽

35）Internet 使用 TCP/IP 协议实现了全球范围的计算机网络的互连，连接在 Internet 上
的每一台主机都有一个 IP 地址，下列不能作为 IP 地址的是_____。
  A．201.109.39.68   B．120.34.0.18
  C．21.18.33.48   D．127.0.257.1

36）为了能正确地将 IP 数据报传输到目的地计算机，数据报头部中必须包含_____。
  A．数据文件的地址
  B．发送数据报的计算机 IP 地址和目的地计算机的 IP 地址
  C．发送数据报的计算机 MAC 地址和目的地计算机的 MAC 地址
  D．下一个路由器的地址

37）TCP/IP 协议中 IP 位于网络分层结构中的_____层。
  A．应用   B．网络互连
  C．网络接口和硬件   D．传输

38）目前最广泛采用的局域网技术是_____。
  A．以太网 B．令牌环 C．ATM 网 D．FDDI

39）两台 PC 利用电话线远距离传输数据时所必需的设备是_____。
  A．集线器 B．网络适配器 C．调制解调器 D．路由器

40）移动通信系统中关于移动台的叙述正确的是_____。
  A．移动台是移动的通信终端，它是收发无线信号的设备，如手机、无绳电话等
  B．移动台就是移动电话交换中心
  C．移动台就是基站，它们相互分割又彼此有所交叠，形成"蜂窝式移动通信"
  D．在移动通信系统中，移动台之间是直接进行通信的

41）一个家庭为解决一台台式 PC 和一台笔记本式计算机同时上网问题，既方便又节省
上网费用的方法是_____。
  A．申请两门电话，采用拨号上网
  B．申请两门电话，通过 ADSL 上网
  C．申请一门电话，再购置一台支持路由功能的交换机，交换机接入 ADSL，通过交
   换机同时上网
  D．申请一门电话，一台通过 ADSL 上网，一台拨号上网

（3）填空题

42）在以太网中，如果要求连接在网络中的每一台计算机各自独享一定的带宽，则应选
择_____来组网。

43）计算机网络按覆盖的地域范围，通常可分为广域网、城域网和_____。

44）发送电子邮件时如果把对方的邮件地址写错，这封邮件将会（销毁、退回、丢失、

存档）_____。

45）搜索引擎现在是 Web 较热门的应用之一，它能帮助人们在 WWW 中查找信息。目前国际上广泛使用的可以支持多国语言的搜索引擎是_____。

46）百度和 Google 等搜索引擎不仅可以检索网页，而且可以检索_____、音乐和地图等。

47）从地域覆盖范围来分，计算机网络可分为局域网、广域网和城域网。中国教育科研网（CERNET）属于_____。

48）与电子邮件的通信方式不同，即时通信是一种以_____方式为主进行消息交换的通信服务。

49）目前，Internet 中有数以千计的 FTP 服务器使用_____作为其公开账号，用户只需将自己的邮箱地址作为密码就可以访问 FTP 服务器中的文件。

50）图 6-1 是电子邮件收发示意图，图中标识为 A 的用于接收邮件的协议常用的是_____协议。

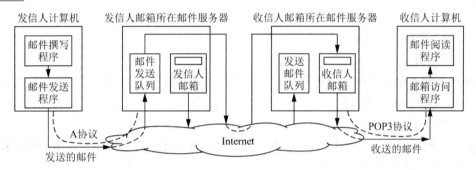

图 6-1　电子邮件收发示意图

3. 真题解析

（1）是非题

1）【答案】非

【解析】数字签名的目的是让对方相信消息的真实性。数字签名必须做到无法伪造，并确保已签名数据的任何变化都能被发觉。

2）【答案】非

【解析】传输速率达不到 1Gb/s。

3）【答案】非

【解析】使用多路复用技术，同轴电缆、光纤、无线电波等可以同时传输成千上万路不同信源的信号，大大降低了通信的费用。

4）【答案】是

【解析】无线局域网采用的协议主要是 802.11，通常又称 Wi-Fi。

5）【答案】是

【解析】数字签名在电子政务、电子商务等领域中应用越来越普遍，世界上不少国家（包括中国）的法律已明确规定，它与手写签名或盖章具有同等的效力。

6）【答案】是

【解析】无线局域网需使用无线网卡、无线接入点等设备，无线接入点的英文简称为 WAP 或 AP，俗称"热点"。

7）【答案】非

【解析】防火墙是用于将 Internet 的子网（最小的子网是一台计算机）与 Internet 的其余部分相隔离以维护网络信息安全的一种软件或硬件设备。

8）【答案】是

【解析】一个实际的通信网络包含终端设备、传输线路、交换器等设备，其中传输线路和交换器等构成了传输信息的信道。

9）【答案】非

【解析】"蓝牙"是一种短距离、低速率、低成本的无线通信技术，其目的是去掉笔记本式计算机和手机等移动终端设备之间，以及它们与一些附属装置（如耳机、鼠标等）之间的连接电缆，构成一个操作空间在几米范围内的无线个人区域网络（WPAN）。

10）【答案】是

【解析】通信系统概念上由 3 个部分组成：信源与信宿、携带了信息的电（或光）信号及传输信号的通道（称为信道）。三者缺一不可。

11）【答案】是

【解析】网上银行和电子商务等交易过程中，由网络传输的交易数据（如汇款金额、账号等）通常是经过加密处理的。

12）【答案】是

【解析】时分多路复用（TDM）技术中各终端设备（计算机）以事先规定的顺序轮流使用同一传输线路进行数据（或信号）传输。

13）【答案】是

【解析】防火墙的基本工作原理是对流经它的 IP 数据报进行扫描，检查其 IP 地址和端口号，确保进入子网和流出子网的信息的合法性。

（2）选择题

14）【答案】D

【解析】在数据通信和计算机网络中传输二进位信息时，由于是一位一位串行传输的，传输速率的度量单位是每秒多少比特，MB/s 是每秒多少字节，是错误的。

15）【答案】B

【解析】现在广泛使用的 IP 协议是第 4 版（IPv4）。

16）【答案】B

【解析】光纤属于有线通信。

17）【答案】D

【解析】键盘和鼠标一般不能被其他计算机共享。

18）【答案】C

【解析】带有数字签名的信息是让对方相信消息的真实性。防火墙无法保证内部网络的绝对安全。无论何种杀毒软件都无法保证可以杀掉所有的病毒。

19）【答案】A

【解析】网络中每台交换机都必须有自己的转发表，表中包含了通向所有可能目的地的转发信息（称为"路由"信息）。

20）【答案】D

【解析】手机也是微波通信的一种。

21）【答案】C

【解析】路由器是连接异构网络的关键设备。

22）【答案】A

【解析】无线局域网（WLAN）接入，必须在安装有接入点（AP）的热点区域中才能接入。

23）【答案】A

【解析】带宽是指该链路能够达到的最高数据传输速率。

24）【答案】C

【解析】整个 TCP/IP 协议一共包含 100 多个协议；TCP/IP 协议并非国际标准模型；TCP/IP 协议将网络划分为 4 层。

25）【答案】B

【解析】局域网常用的拓扑结构有环形、星形和总线型。

26）【答案】A

【解析】数字签名的主要目的是让对方相信消息的真实性。防火墙的目的是确保进入子网和流出子网的信息的合法性。

27）【答案】C

【解析】确保网络信息安全的目的是保证信息不被泄露、篡改和破坏。

28）【答案】B

【解析】按拓扑结构，局域网可以分为星形网、环形网、总线型网、混合网等。

29）【答案】A

【解析】路由器操作不包括域名解析。

30）【答案】D

【解析】家庭计算机用户在江苏电信或江苏移动开户后，就可随机分配 IP 地址进行上网。

31）【答案】C

【解析】202.119.24.5 属于 C 类地址，前 24 位是网络号。

32）【答案】D

【解析】两种工作模式采用其他拓扑结构也可以。

33）【答案】C

【解析】局域网由自己构建与管理。

34）【答案】B

【解析】无基站或基站发生故障，GSM 无法通信。

35）【答案】D

【解析】IPv4 版地址使用 4 个字节（32 位）表示，为方便使用通常被写成点分十进制的形式，即 4 个字节被分开用十进制数写出（0~255），中间用小数点"."分隔。

36）【答案】B

【解析】为了能正确地将 IP 数据报传输到目的地计算机，数据报头部中必须包含发送数据报的计算机 IP 地址和目的地计算机的 IP 地址。

37）【答案】B

【解析】TCP/IP 协议中 IP 位于网络分层结构中的网络互连层。

38）【答案】A

【解析】目前最广泛采用的局域网技术是以太网。

39）【答案】C

【解析】电话线传输数据必须用调制解调器。

40）【答案】A

【解析】移动台是移动的通信终端，它是收发无线信号的设备，如手机、无绳电话等。

41）【答案】C

【解析】申请一门电话，再购置一台支持路由功能的交换机，交换机接入 ADSL，通过交换机同时上网。

（3）填空题

42）【答案】交换式以太网

【解析】交换式以太网连接在交换机上的每一台计算机，各自独享一定的带宽。

43）【答案】局域网

【解析】计算机网络按覆盖的地域范围，通常可分为广域网、城域网和局域网。

44）【答案】退回

【解析】发送电子邮件时如果把对方的邮件地址写错，这封邮件将会退回。

45）【答案】Google

【解析】搜索引擎是现在最热门的应用之一，它能帮助人们在 WWW 中查找信息。目前国际上广泛使用的可以支持多国语言的搜索引擎是 Google。

46）【答案】视频

【解析】百度和 Google 等搜索引擎不仅可以检索网页，而且可以检索视频、音频和地图等。

47）【答案】广域网

【解析】广域网的作用范围可以从几十千米到几千千米，甚至更大。

48）【答案】同步通信

【解析】即时通信就是实时通信，与电子邮件通信方式不同，参与即时通信的双方或者多方必须同时都在网上，它属于同步通信方式，而电子邮件属于异步通信方式。

49）【答案】anonymous

【解析】Internet 上有许多 FTP 服务器为用户提供文件共享服务（称为匿名 FTP 服务器），它们用 anonymous 作为用户名，以用户的电子邮件地址为口令进行登录，通常只能查看和下载文件。

50）【答案】SMTP

【解析】发送邮件的协议常用的是 SMTP，用于接收邮件的协议通常是 POP3。

项目7　计算机硬件基础

1．考点解析

知识点1　计算机组成与分类

【实例1】早期的电子电路以真空电子管作为其基础元件。

【答案】是

【解析】电子计算机按元器件可分为以下几代：第一代——20世纪40年代中期～50年代末期，主要元器件为电子管；第二代——20世纪50年代中后期～60年代中期，主要元器件为晶体管；第三代——20世纪60年代中期～70年代初期，主要元器件为中小规模集成电路；第四代——20世纪70年代中期以来，主要元器件为大、超大规模集成电路。

【实例2】计算机系统由硬件和软件两部分组成。键盘、鼠标、显示器等都是计算机的硬件。

【答案】是

【解析】计算机系统由硬件和软件两部分组成，计算机硬件是计算机系统中所有实际物理装置的总称。

【实例3】计算机的分类方法有多种，按照计算机的性能和用途来分类，台式机和便携机均属于传统的小型计算机。

【答案】非

【解析】计算机的分类有多种方法，按性能、价格和用途可分为巨型机、大型机、小型机和个人计算机四大类。台式机和便携机均属于个人计算机，简称PC。

【实例4】中央处理器（CPU）、存储器、输入/输出设备等通过总线互相连接，构成计算机硬件系统。

【答案】是

【解析】计算机系统由硬件和软件两部分组成。计算机硬件系统是计算机系统中所有实际物理装置的总称。从逻辑功能上讲，计算机硬件主要包括中央处理器（CPU）、内存储器、外存储器、输入输出设备等，它们通过总线互相连接。

【实例5】就计算机对人类社会的进步与发展所起的作用而言，下列叙述中不够确切的是_____。

  A．增添了人类发展科技的新手段
  B．提供了人类创造文化的新工具
  C．引起了人类工作与生活方式的新变化
  D．创造了人类改造自然的新物质资源

【答案】D

【解析】计算机应用于社会文化，为人类创造文化提供了现代化工具，改变了人们创造和传播文化的方式、方法和性质，大大地扩展了人类文化活动的领域，丰富了文化的内容，提高了质量。但它不是一种新的物质资源。

知识点 2　CPU 结构与原理

【实例 6】采用不同厂家生产的 CPU 的计算机一定互相不兼容。

【答案】非

【解析】不同公司生产的 CPU 各有自己的指令系统，它们未必互相兼容。但有些 PC 使用 AMD 或 Cyrix 公司的微处理器，它们与 Intel 处理器的指令系统一致，因此这些 PC 相互兼容。

【实例 7】CPU 中用来对数据进行各种算术运算和逻辑运算的部件是_____。

    A. 总线　　　　B. 运算器　　　　C. 寄存器组　　　D. 控制器

【答案】B

【解析】CPU 主要由 3 部分组成：寄存器组、运算器和控制器。运算器用来对数据进行加、减、乘、除或者与、或、非等基本的算术运算和逻辑运算，所以运算器又称算术逻辑部件（ALU）。

【实例 8】通常在开发新型号微处理器产品的时候，采用逐步扩充指令系统的做法，目的是使新老处理器保持_____。

【答案】兼容

【解析】为了解决软件兼容性问题，通常采用"向下兼容方式"来开发新的处理器，即在新处理器中保留老处理器的所有指令，同时扩充功能更强的新指令。

【实例 9】下列关于 CPU 结构的说法错误的是_____。

    A. 控制器是用来解释指令含义、控制运算器操作、记录内部状态的部件

    B. 运算器用来对数据进行各种算术运算和逻辑运算

    C. CPU 中仅仅包含运算器和控制器两部分

    D. 运算器可以有多个，如整数运算器和浮点运算器等

【答案】C

【解析】CPU 主要由 3 部分组成：寄存器组、运算器、控制器。

【实例 10】计算机指令是一种使用_____代码表示的操作命令，它规定了计算机执行何种操作及操作对象的位置。

【答案】二进位

【解析】指令是构成程序的基本单位，指令采用二进位表示，它规定了计算机执行何种操作及操作对象的位置。

【实例 11】某 PC 广告中标有"Core i7/3.2GHz/4G/1T"，其中 Core i7/3.2GHz 的含义为_____。

    A. 微机的品牌和 CPU 的主频　　　B. 微机的品牌和内存容量

    C. CPU 的品牌和主频　　　　　　D. CPU 的品牌和内存容量

【答案】C

【解析】Core i7 是指 CPU 的品牌，3.2GHz 是指 CPU 的主频，4G 是指内存容量，1T 是指硬盘容量。

知识点 3　PC 主机组成

【实例 12】图 7-1 是某种 PC 主板的示意图，其中（1）、（2）和（3）分别是_____。

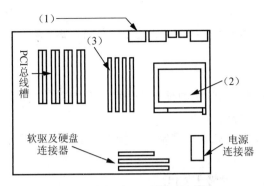

图 7-1　某种 PC 主板示意图

  A．I/O 接口、CPU 插槽和 SATA 接口

  B．SATA 接口、CPU 插槽和 CMOS 存储器

  C．I/O 接口、CPU 插槽和内存插槽

  D．I/O 接口、SATA 接口和 CPU 插槽

【答案】C

【解析】PC 主板上有很多接口和插槽。

【实例 13】PC 主板上芯片组通常由北桥和南桥两个芯片组成。下列叙述中错误的是_____。

  A．芯片组与 CPU 的类型必须相配

  B．芯片组规定了主板可安装的内存条的类型、内存的最大容量等

  C．芯片组提供了存储器的控制功能

  D．所有外围设备的控制功能都集成在芯片组中

【答案】D

【解析】芯片组是 PC 各组成部分互相连接和通信的枢纽。芯片组一般由两块超大规模集成电路组成，分别是南桥芯片（I/O 控制中心）和北桥芯片（存储控制中心）。芯片组与 CPU 的类型必须相配。

【实例 14】PC 中的系统配置信息如硬盘的参数、当前时间、日期等，均保存在主板上使用电池供电的_____存储器中。

  A．flash　　　B．ROM　　　C．cache　　　D．CMOS

【答案】D

【解析】主板上有两块特别有用的集成电路，一块是闪烁存储器（flash ROM），其中存放的是基本输入输出系统（BIOS）；另一块是 CMOS，其中存放着与计算机系统相关的一些参数（称为"配置信息"），包括当前日期、开机口令、已安装的硬盘个数和类型等。CMOS 是一种易失性存储器，它由主板上的电池供电，即使关机后它也不会丢失所存储的信息。

【实例 15】在启动 PC 的过程中，用户可以通过按快捷键运行存储在 BIOS 中的_____程序，从而修改 CMOS 芯片中保存的系统配置信息。

【答案】CMOS 设置

【解析】在 PC 执行自举程序之前，用户若按下某一快捷键（如 Delete 键或 F2、F8 键，各种 BIOS 的规定不同），就可以启动 CMOS 设置程序，从而修改 CMOS 芯片中的系统配置

信息。

【实例 16】芯片组是 PC 各组成部分的枢纽，CPU 类型不同，通常需要使用不同的芯片组。

【答案】是

【解析】CPU 类型不同，通常需要使用不同的芯片组。

知识点 4　总线和 I/O 接口

【实例 17】与 CPU 执行的算术和逻辑运算操作相比，I/O 操作有许多不同特点。下列关于 I/O 操作的描述中，错误的是_____。

    A. I/O 操作速度慢于 CPU

    B. 多个 I/O 设备能同时工作

    C. 由于 I/O 设备需要 CPU 的控制，I/O 设备与 CPU 不能同时进行操作

    D. 每种 I/O 设备都有各自的控制器

【答案】C

【解析】输入/输出设备（I/O 设备）是计算机系统的重要组成部分，多数 I/O 设备在操作过程中包含机械动作，其工作速度比 CPU 慢很多。为了提高系统的效率，I/O 操作与 CPU 的数据处理是一起进行的。

【实例 18】下列关于 USB 接口的叙述，正确的是_____。

    A. USB 接口是一种总线式串行接口

    B. USB 接口是一种并行接口

    C. USB 接口是一种低速接口

    D. USB 接口不是通用接口

【答案】A

【解析】USB 是通用串行总线接口的简称，它是一种可以连接多个设备的总线式串行接口。

【实例 19】总线的重要指标之一是带宽，它是指总线中数据线的宽度，用二进制位数来表示（如 16 位、32 位总线）。

【答案】非

【解析】总线是指计算机部件之间传输信息的一组公用的信号线及相关控制电路。CPU 与北桥芯片相互连接的总线称为 CPU 总线（前端总线 FSB），I/O 设备控制器与 CPU、存储器之间相互交换信息传递数据的一组公用信号线称为 I/O 总线，也叫主板总线。总线最重要的性能是它的数据传输速率，也称为总线带宽，即单位时间内总线上可传输的最大数据量。计算公式为总线带宽（MB/s）＝（数据线宽度/8）×总线工作频率（MHz）×每个总线周期的传输次数。

【实例 20】在 PCI 总线的基础上，近些年来，PC 开始流行使用一种基于串行传输原理的性能更好的高速 PCI-E 总线。

【答案】是

【解析】20 世纪 90 年代初 PC 一直采用 PCI 的 I/O 总线，它的工作频率是 33MHz，数据线宽度是 32 位（或 64 位）。PCI-E 是 PC I/O 总线的一种新标准。

知识点5　常用输入设备

【实例21】下列不属于扫描仪主要性能指标的是_____。

　　A．扫描分辨率　　　　　　　　B．色彩位数
　　C．与主机接口　　　　　　　　D．扫描仪的时钟频率

【答案】D

【解析】扫描仪的主要性能指标包括分辨率、色彩位数、扫描幅面和与主机的接口。

【实例22】在专业印刷排版领域应用最广泛的扫描仪是_____。

　　A．胶片扫描仪和滚筒扫描仪
　　B．胶片扫描仪和平板扫描仪
　　C．手持式扫描仪和滚筒扫描仪
　　D．手持式扫描仪和平板扫描仪

【答案】A

【解析】胶片扫描仪和滚筒扫描仪都是高分辨率的专业扫描仪，它们在光源、色彩捕捉等方面均具有较高的技术性能，光学分辨率很高，都应用于专业印刷排版领域。

【实例23】现在许多智能手机都具有_____，它兼有键盘和鼠标的功能。

　　A．轨迹球　　　B．操纵杆　　　C．指点杆　　　D．触摸屏

【答案】D

【解析】触摸屏作为一种新颖的输入设备最近几年得到了广泛应用，它兼有鼠标和键盘的功能，甚至还可用来手写输入。除了移动终端设备之外，博物馆、酒店等公共场所的多媒体终端上也已广泛使用触摸屏。

【实例24】下列设备中，都属于图像输入设备的选项是_____。

　　A．数码照相机、扫描仪　　　　B．绘图仪、扫描仪
　　C．数字摄像机、投影仪　　　　D．数码照相机、显卡

【答案】A

【解析】绘图仪、投影仪、显卡都属于输出设备。

知识点6　常用输出设备

【实例25】针式打印机和喷墨打印机属于击打式打印机，激光打印机属于非击打式打印机。

【答案】非

【解析】针式打印机属于击打式打印机，激光打印机和喷墨打印机属于非击打式打印机。

【实例26】CRT彩色显示器采用的颜色模型为_____。

　　A．HSB　　　　　B．RGB　　　　C．YUV　　　　D．CMYK

【答案】B

【解析】彩色显示器的每一个像素由红、绿、蓝三原色组成，通过对三原色亮度的控制能够合成各种不同的颜色。

【实例27】下列关于打印机的叙述，正确的是_____。

　　A．所有打印机的工作原理都是一样的，它们的生产厂家、生产工艺不一样，因而产生了众多的打印机类型
　　B．所有打印机的打印成本都差不多，但打印质量差异较大

  C. 所有打印机使用的打印纸的幅面都一样，如 A4 型号等标准规格

  D. 使用打印机要安装打印驱动程序，一般由操作系统自带，或由打印机厂商提供

【答案】D

【解析】打印机属于系统的外围设备，必须安装驱动程序后才能正常工作。操作系统一般会带有各大厂商生产的大多数型号的打印驱动程序，打印机厂商也会随机提供驱动程序。

【实例 28】dpi 是衡量打印机性能最重要的指标，激光打印机的分辨率最低是_____dpi。

  A. 100   B. 300   C. 800   D. 900

【答案】B

【解析】激光打印机的分辨率最低是 300 dpi，有的产品为 400 dpi、600 dpi、800 dpi，甚至达到 1200 dpi。

【实例 29】激光打印机是激光技术与_____技术相结合的产物。

  A. 打印   B. 显示   C. 传输   D. 复印

【答案】D

【解析】激光打印机是激光技术与复印技术相结合的产物，它是一种高质量、高速度、低噪声、价格适中的输出设备。

知识点 7　外存储器

【实例 30】要想提高硬盘的容量，措施之一是_____。

  A. 增加每个扇区的容量   B. 提高硬盘的转速

  C. 增加硬盘中单个碟片的容量 D. 提高硬盘的数据传输速率

【答案】C

【解析】作为 PC 的外存储器硬盘容量越大越好，但限于成本和体积，碟片数目宜少不宜多，所以提高单碟容量是提高硬盘容量的关键。

【实例 31】寻道和定位操作完成后，硬盘存储器在盘片上读写数据的速率一般称为_____。

  A. 硬盘存取速率   B. 外部传输速率

  C. 内部传输速率   D. 数据传输速率

【答案】C

【解析】硬盘数据传输速率分为外部传输速率和内部传输速率。外部传输速率是指主机从（向）硬盘缓存读出（写入）数据的速度，它与采用的接口类型有关，一般为 100～300Mb/s。内部传输速率是指硬盘在盘片上读写数据的速度，现在的硬盘大多小于 100Mb/s。

【实例 32】下列关于硬盘存储器信息存储原理的叙述中，错误的是_____。

  A. 盘片表面的磁性材料粒子有两种不同的磁化方向，分别用来记录 "0" 和 "1"

  B. 盘片表面划分为许多同心圆，每个圆称为一个磁道，盘面上一般都有几千个磁道

  C. 每条磁道还要分成几千个扇区，每个扇区的存储容量一般为 512B

  D. 与 CD 光盘片一样，每个磁盘片只有一面用于存储信息

【答案】D

【解析】硬盘由盘片（存储介质）、主轴与主轴电机、移动臂、磁头和控制电路等组成，它们全部封装于一个密闭的盒状装置内。硬盘片由铝合金材料制成，上下两层都涂有磁性材料，通过磁性材料粒子的磁化来记录数据。磁性材料粒子有两种不同的磁化方向，分别用来表示"0"和"1"。盘片表面由外向里分成许多同心圆，每个圆称为一个磁道，一般有几千个磁道，每条磁道还要分成几千个扇区，每个扇区的容量一般为 512B 或 4KB（容量超过 2TB 的硬盘）。

【实例 33】读出 CD-ROM 中的信息，使用的是_____技术。

【答案】激光

【解析】光盘表面是凹凸不平的，用激光照射在光盘片表面就可以读出信息。

【实例 34】在表示计算机内存储器容量时，1GB 等于_____MB。

【答案】1024

【解析】存储容量使用 2 的幂次方作为单位，然而由于 kilo、mega、giga 等单位在其他领域（如距离、速率）中是以 10 的幂次来计算的，因此磁盘、U 盘、光盘等外存储器制造商也采用 1MB=1000KB、1GB=1000MB 来计算其存储容量。

【实例 35】下列关于 U 盘与软盘相比较的叙述中，错误的是_____。

  A．U 盘容量较大   B．U 盘速度较慢

  C．U 盘寿命较长   D．U 盘体积较小

【答案】B

【解析】软盘容量小、速度慢、性能不稳定。U 盘采用 flash 存储器（闪存）技术，体积小、重量轻、使用寿命长，利用 USB 接口与计算机连接。

【实例 36】CD 光盘片根据其制造材料和信息读写特性的不同，可以分为 CD-ROM、CD-R 和 CD-RW。CD-R 光盘是指_____。

  A．只读光盘   B．随机存取光盘

  C．只写一次式光盘   D．可擦写型光盘

【答案】C

【解析】光盘片按其信息读写特性分为 3 种：CD-ROM（只读光盘）、CD-R（只写一次式光盘）、CD-RW（可擦写型光盘）。

2．真题训练

（1）是非题

1）在 CPU 内部所执行的指令都是使用 ASCII 字符表示的。

2）CPU 中的控制器用于对数据进行各种算术运算和逻辑运算。

3）触摸屏兼有鼠标和键盘的功能，甚至还用于手写汉字输入，深受用户欢迎。目前已经在许多移动信息设备（手机、平板计算机等）上得到使用。

4）CPU 主要由运算器、控制器和寄存器组 3 部分组成。

5）计算机的字长越长，意味着其运算速度越快，但并不代表它有更大的寻址空间。

6）键盘上 F1～F12 这 12 个功能键的功能是固定不变的。

7）CPU 与内存的工作速度几乎差不多，增加 cache 只是为了扩大内存的容量。

8）一个 CPU 所能执行的全部指令的集合，构成该 CPU 的指令系统。

9）CPU 中的运算器又称执行单元，它是 CPU 的控制中心。

10）CPU 的"工作语言"是机器指令。

（2）选择题

11）打印机的打印分辨率一般用 dpi 作为单位，dpi 的含义是_____。

    A．每厘米可打印的点数   B．每平方厘米可打印的点数

    C．每英寸可打印的点数   D．每平方英寸可打印的点数

12）插在 PC 主板 PCI 或 PCI-E 插槽中的电路板通常称为_____。

    A．芯片组   B．内存条

    C．I/O 接口   D．扩展板卡或扩充卡

13）下列有关磁盘存储器的叙述中，错误的是_____。

    A．磁盘盘片的表面分成若干个同心圆，每个圆称为一个磁道

    B．硬盘上的数据存储地址由两个参数定位：磁道号和扇区号

    C．硬盘的盘片、磁头及驱动机构全部密封在一起，构成一个密封的组合件

    D．每个磁道分为若干个扇区，每个扇区的容量一般是 512B

14）CMOS 存储器中存放了计算机的一些参数和信息，其中不包含在内的是_____。

    A．当前的日期和时间   B．硬盘数目与容量

    C．开机的密码   D．基本外围设备的驱动程序

15）为了防止已经备份了重要数据的 U 盘被病毒感染，应该_____。

    A．将 U 盘存放在干燥、无菌的地方   B．将该 U 盘与其他 U 盘隔离存放

    C．将 U 盘定期格式化   D．将 U 盘写保护

16）自 20 世纪 90 年代起，PC 使用的 I/O 总线类型是_____，它用于连接中、高速外围设备，如以太网卡、声卡等。

    A．PCI（PCI-E）   B．USB   C．VESA   D．ISA

17）喷墨打印机中最关键的技术和部件是_____。

    A．喷头   B．压电陶瓷   C．墨水   D．纸张

18）下列不属于硬盘存储器主要技术指标的是_____。

    A．传输速率   B．扇区容量

    C．缓冲存储器大小   D．平均存取时间

19）以下每组部件中，全部属于计算机外围设备的是_____。

    A．键盘、主存储器   B．硬盘、显示器

    C．ROM、打印机   D．主板、音箱

20）关于基本输入/输出系统（BIOS）及 CMOS 存储器，下列说法中错误的是_____。

    A．BIOS 存放在 ROM 中，是非易失性的，断电后信息也不会丢失

    B．CMOS 中存放着基本输入/输出设备的驱动程序

    C．BIOS 是 PC 软件最基础的部分，包含加载操作系统和 CMOS 设置等功能

    D．CMOS 存储器是易失性存储器

21）下列有关 PC 的 I/O 总线的叙述中，错误的是_____。

    A．总线上有 3 类信号：数据信号、地址信号和控制信号

B．I/O 总线可以支持多个设备同时传输数据

C．I/O 总线用于连接 PC 中的主存储器和 cache 存储器

D．目前在 PC 中广泛采用的 I/O 总线是 PCI 和 PCI-E 总线

22）U 盘和存储卡都是采用_____芯片做成的。

A．DRAM　　　　　　　　　B．闪烁存储器

C．SRAM　　　　　　　　　D．cache

23）PC 中的系统配置信息，如硬盘的参数、当前时间、日期等，均保存在主板上使用电池供电的_____存储器中。

A．flash　　　　B．ROM　　　　C．cache　　　　D．CMOS

24）20 世纪 40～50 年代的第一代计算机主要应用于_____领域。

A．数据处理　　　　B．工业控制　　　　C．人工智能　　　　D．科学计算

25）PC 的主板用于存放 BIOS 程序的大都是_____。

A．芯片组　　　　　　　　　B．闪烁存储器（flash ROM）

C．超级 I/O 芯片　　　　　　D．双倍数据速率（DDR）SDRAM

26）在 PC 中，CPU 芯片是通过_____安装在主板上的。

A．AT 总线槽　　　　　　　B．PCI（PCI-E）总线槽

C．CPU 插座　　　　　　　D．I/O 接口

27）打印机的重要性能指标包括_____、打印精度、色彩数目和打印成本。

A．打印数量　　　　B．打印方式　　　　C．打印速度　　　　D．打印机功耗

28）键盘、显示器和硬盘等常用外围设备在操作系统启动时都需要参与工作，所以它们的基本驱动程序都必须预先存放在_____中。

A．硬盘　　　　B．BIOS ROM　　　　C．RAM　　　　D．CPU

29）下列关于硬盘存储器信息存储原理的叙述中，错误的是_____。

A．盘片表面的磁性材料粒子有两种不同的磁化方向，分别用来记录"0"和"1"

B．盘片表面划分为许多同心圆，每个圆称为一个磁道，盘面上一般都有几千个磁道

C．每条磁道还要分成几千个扇区，每个扇区的存储容量一般为 512B

D．与大多数光盘一样，每个盘片只有一面用于存储信息

30）PC 使用的芯片组大多由两块芯片组成，它们的功能主要是_____和 I/O 控制。

A．寄存数据　　　B．存储控制　　　C．运算处理　　　D．高速缓冲

31）下列关于打印机的叙述中，错误的是_____。

A．激光打印机使用 PS/2 接口与计算机相连

B．喷墨打印机的打印头是打印机的关键部件

C．喷墨打印机属于非击式打印机，它能打印输出彩色图像

D．针式打印机独特的平推式进纸技术，在打印存折和票据方面具有优势

32）构成一个完整的计算机系统，应该包括_____。

A．运算器、存储器、控制器　　　B．主存和外围设备

C．主机和实用程序　　　　　　　D．硬件系统和软件系统

33）假定一个硬盘的磁头数为 16，柱面数为 1000，每个磁道有 50 个扇区，每个扇区

512B，该硬盘的存储容量大约为_____。

  A．400KB   B．800KB   C．400MB   D．800MB

34）下列关于硬盘存储器结构与组成的叙述中，错误的是_____。

  A．硬盘由磁盘盘片、主轴与主轴电机、移动臂、磁头和控制电路等组成

  B．磁盘盘片是信息的存储介质

  C．磁头的功能是读写盘片上所存储的信息

  D．盘片和磁头密封在一个盒状装置内，主轴电机安装在 PC 主板上

35）总线最重要的性能指标是它的带宽。若总线的数据线宽度为 16 位，总线的工作频率为 133MHz，每个总线周期传输一次数据，则其带宽为_____。

  A．266MB/s   B．2128MB/s C．133MB/s   D．16MB/s

（3）填空题

36）目前最新的 USB 接口的版本是_____，它的读写速度更快。

37）计算机存储器分为内存储器和外存储器，它们中存取速度快而容量相对较小的是_____。

38）MOS 型半导体存储器芯片可以分为 DRAM 和 SRAM 两种，_____芯片的电路简单、集成度高、成本较低，但速度要相对慢很多。

39）数码照相机是计算机的图像输入设备，一般通过_____接口与主机连接。

40）USB 接口可以为连接的 I/O 设备提供＋_____V、100～500mA 的电源。

41）前些年计算机使用的液晶显示器大都采用荧光灯管作为其背光源，这几年开始流行使用_____背光源，它的显示效果更好，也更省电。

42）一种可写入信息但不允许反复擦写的 CD，称为可记录式光盘，其英文缩写为_____。

43）显卡与 CRT 或液晶显示器之间的视频输出接口有 DVI、VGA 和 HDMI 等，通常用得最多的是_____接口，它采用模拟信号传输 R、G、B 三原色的亮度信息。

44）扫描仪是基于_____原理设计的，它使用的核心器件是 CCD。

45）IEEE-1394 主要用于连接需要高速传输大量数据的_____设备，其数据传输速度可高达 400Mb/s。

46）目前，高性能计算机大多采用并行处理技术，即在一台计算机中使用许多个_____实现超高速运算。

47）无线键盘通过_____将输入信息传送给主机上安装的专用接收器。

48）从 PC 的物理结构来看，将主板上 CPU 芯片、内存条、硬盘接口、网络接口、PCI 插槽等连接在一起的集成电路是_____。

49）PC 物理结构中，_____几乎决定了主板的功能，从而影响整个计算机系统性能的发挥。

50）大多数 DVD 驱动器比 CD-ROM 驱动器读取数据的速度_____。

3．真题解析

（1）是非题

1）【答案】非

【解析】指令采用二进位表示，用来规定计算机执行何种操作。

2）【答案】非

【解析】CPU 中的运算器用于对数据进行各种算术运算和逻辑运算。

3）【答案】是

【解析】触摸屏作为一种新颖的输入设备，最近几年得到了广泛应用，它兼有鼠标和键盘的功能，甚至还用来手写汉字输入，深受用户欢迎。除了移动信息设备之外，博物馆、酒店等公共场所的多媒体计算机或查询终端上也已广泛使用触摸屏。

4）【答案】是

【解析】CPU 主要由 3 部分组成，即寄存器组、运算器和控制器。

5）【答案】非

【解析】字长是指通用寄存器和定点运算器的宽度（二进制整数运算的位数）。字长越大，表示数的有效位数越多，计算机处理数据的精度也就越高。定点运算器的宽度决定了地址码位数的多少，而地址码的长度决定了 CPU 可以访问存储器的最大空间。

6）【答案】非

【解析】键盘共 12 个功能键，即 F1～F12，其功能由操作系统及运行的应用程序决定。

7）【答案】非

【解析】程序运行过程中高速缓存有利于减少 CPU 访问内存的次数。通常，cache 容量越大、级数越多，其效用就越明显。

8）【答案】是

【解析】CPU 可执行的全部指令称为该 CPU 的指令系统，即它的机器语言。每一种 CPU 都有其独特的一组指令。不同公司生产不同的 CPU 产品，一般互不兼容，同一公司、同一系列的 CPU 具有向下兼容性。

9）【答案】非

【解析】控制器是 CPU 的指挥中心。

10）【答案】是

【解析】CPU 可执行的全部指令称为该 CPU 的指令系统，即它的机器语言。

（2）选择题

11）【答案】C

【解析】打印精度（分辨率）：用每英寸可打印的点数（像素）表示，单位为 dpi。一般产品为 400 dpi、600 dpi、800 dpi，高的甚至达到 1000dpi 以上。

12）【答案】D

【解析】主板一般为矩形电路板，上面安装了组成计算机的主要电路系统，一般有 BIOS 芯片、I/O 控制芯片、键盘和面板控制开关接口、指示灯插接件、扩充插槽、主板及插卡的直流电源供电接插件等元件。

13）【答案】B

【解析】硬盘上的数据需要 3 个参数来定位：柱面号、扇区号和磁头号。

14）【答案】D

【解析】基本外围设备的驱动程序包含在 BIOS 中。

15）【答案】D

【解析】将 U 盘写保护后可以防止其他数据写入，从而防止被病毒感染。

16）【答案】A

【解析】自 20 世纪 90 年代初开始，PC 一直采用一种称为 PCI 的总线，它的工作频率是 33MHz，数据线宽度是 32 位（或 64 位），传输速率达 133Mb/s（或 266Mb/s），可以用于挂接中等速度的外围设备。

17）【答案】A

【解析】喷墨打印机属于非击打式打印机，大多为彩色打印。它的优点是可以打印近似全彩色图像、经济、效果好、低噪声、使用低电压、环保；它的缺点是墨水成本高、消耗快。喷墨打印机的关键技术是喷头。

18）【答案】B

【解析】硬盘的主要性能指标包括容量、平均存取时间、缓存容量、数据传输速率及与主机的接口。

19）【答案】B

【解析】主存储器、ROM、主板不属于外围设备。

20）【答案】B

【解析】基本外围设备的驱动程序包含在 BIOS 中。

21）【答案】C

【解析】用于连接 PC 中的主存储器和 cache 存储器是系统总线（或 CPU 总线、前端总线）。

22）【答案】B

【解析】U 盘又称"闪烁存储器"，采用 flash 存储器（闪存）芯片，体积小、重量轻。

23）【答案】D

【解析】主板上还有两块特别有用的集成电路：一块是只读存储器（ROM），其中存放的是基本输入/输出系统（BIOS）；另一块是 CMOS 存储器，其中存放着用户对计算机硬件所设置的一些参数（称为"配置信息"），包括当前的日期和时间、开机口令、已安装的光驱和硬盘的个数及类型等，要用电池供电。

24）【答案】D

【解析】20 世纪 40 年代中期～50 年代末期的第一代计算机主要应用于科学和工程计算领域；20 世纪 50 年代中后期～60 年代中期的第二代计算机开始广泛应用于数据计算领域；20 世纪 60 年代中期～70 年代初期的第三代计算机在科学计算、数据处理、工业控制等领域得到广泛应用；20 世纪 70 年代中期以来的第四代计算机深入各行各业，家庭和个人开始使用计算机。

25）【答案】B

【解析】PC 的主板上闪烁存储器（flash ROM）主要用于存放基本输入/输出系统（BIOS）程序。

26）【答案】C

【解析】CPU 和存储器芯片分别通过主板上的 CPU 插座和存储器插座安装在主板上。

27）【答案】C

【解析】打印机的性能指标包括打印精度（分辨率）、打印速度、色彩表现能力（色彩数目）、可打印幅面大小、与主机的接口等。

28）【答案】B

【解析】BIOS 中文名为"基本输入/输出系统"，它是存放在主板上只读存储器（ROM）芯片中的一组机器语言程序，具有诊断计算机故障、启动计算机工作、控制基本外围设备的输入/输出操作（键盘、鼠标、磁盘读写、屏幕显示等）的功能。

29）【答案】D

【解析】盘片两面都记录数据。

30）【答案】B

【解析】芯片组一般由两块超大规模集成电路组成。其中，北桥芯片：存储控制中心，决定主板上可用的最大内存容量、速度和内存的类型。南桥芯片：I/O 控制中心，主要与 PCI 插槽、USB 接口硬盘接口等连接。

31）【答案】A

【解析】激光打印机多半使用并行接口或 USB 接口，一些高速激光打印机则使用 SCSI 接口。

32）【答案】D

【解析】计算机系统有两个基本组成部分，即计算机硬件和计算机软件。硬件是组成计算机的各种物理设备的总称；计算机软件（简称软件）是人与硬件的接口，它自始至终指挥和控制着硬件的工作过程。

33）【答案】C

【解析】硬盘容量＝磁头数×柱面数×扇区数×512B。

34）【答案】D

【解析】硬盘存储器由磁盘盘片、主轴与主轴电机、移动臂、磁头和控制电路等组成，它们全部密封于一个盒装装置内，这就是通常所说的硬盘。

35）【答案】A

【解析】总线带宽（MB/s）＝数据线宽度/8×总线工作频率（MHz）×每个总线周期的传输次数。

（3）填空题

36）【答案】3.0

【解析】目前最新的 USB 接口的版本是 3.0。USB 1.1 的传输速率可达到 1.5 Mb/s 和 12 Mb/s；USB 2.0 的传输速率最高达 480Mb/s（60MB/s）；USB 3.0 的传输速率最高达 3.2Gb/s（400MB/s）。

37）【答案】内存储器

【解析】内存储器的特点是速度快、价格贵、容量小、断电后数据会丢失。外存储器的特点是单位价格低、容量大、速度慢、断电后数据不会丢失。

38）【答案】DRAM

【解析】SRAM（静态存储单元）的优点是速度快、使用简单、不需刷新、静态功耗极低，常用作 cache；缺点是元件数多、集成度低、运行功耗大。DRAM（动态存储单元）的优点是集成度远高于 SRAM、功耗低、价格低；缺点是速度比 SRAM 慢。

39）【答案】USB

【解析】目前数码照相机与主机的接口常用 USB 接口。

40）【答案】5

【解析】USB 接口使用 4 线连接器，体积小，符合即插即用规范。使用 USB 集线器扩展机器的 USB 接口，最多连接 127 个设备，还可通过 USB 接口由主机向外围设备提供电源（+5V、100～500 mA）。

41）【答案】LED

【解析】计算机使用的 LCD 显示器采用透射显示，其背光源主要有荧光灯管和白色发光二极管（LED）两种，后者在显示效果、节能、环保等方面均优于前者，显示屏幕也更为轻薄。

42）【答案】CD-R

【解析】CD 有只读（CD-ROM）、可写一次（CD-R）和可多次读写（CD-RW）3 种不同类型。

43）【答案】VGA

【解析】显卡与 CRT 或液晶显示器之间最常见的输出接口主要有 VGA 接口、DVI 接口和 S 端子。VGA 接口最普及，它用于将转换好的 R、G、B 模拟信号输出到 CRT 或者 LCD 显示器中。

44）【答案】光电转换

【解析】扫描仪是基于光电转换原理设计的，它使用的核心器件是 CCD（电荷耦合器件）。

45）【答案】音频和视频

【解析】IEEE-1394 接口主要用于连接需要高速传输大量数据的音频和视频设备，它也支持即插即用和热插拔。

46）【答案】CPU

【解析】大多数计算机只包含一个 CPU，为了提高处理速度，计算机也可以包含 2 个、4 个、8 个甚至几百个、几千个 CPU。使用多个 CPU 实现超高速计算的技术称为"并行处理"。

47）【答案】无线电波

【解析】无线键盘采用的是无线接口，它与计算机主机之间没有直接的物理连线，而是通过无线电波将输入信息传送给主机上安装的专用接收器。

48）【答案】南桥芯片

【解析】盘片两面都记录数据。

49）【答案】芯片组

【解析】芯片组是连接内存、显卡、硬盘及其他 I/O 设备的枢纽。CPU 类型、内存的类型及大小、PCI 扩展槽、硬盘接口的类型和数目、I/O 接口的类型与数目等都由芯片组决定。

50）【答案】快

【解析】DVD 的道间距只有 CD 的一半，信息坑更加密集。

项目8 计算机软件基础

1. 考点解析

知识点1 计算机软件概念

【实例1】计算机软件通常是指用于指示计算机完成特定任务的，以电子格式存储的程序、数据和相关的文档。

【答案】是

【解析】软件包括程序和相关的文档。程序是用于指示计算机完成特定任务的，以电子格式存储的程序、数据。文档是指与程序开发、维护及操作有关的一些资料。软件产品，是软件开发厂商交付给用户用于特定用途的一整套程序、数据及相关的文档（一般是安装和使用手册），它们以光盘或磁盘作为载体，也可以经过授权后从网上下载。

【实例2】未获得版权所有者许可就复制和散发商品软件的行为被称为软件_____。

    A. 共享　　　　B. 盗版　　　　C. 发行　　　　D. 推广

【答案】B

【解析】软件是智力活动的成果，受到知识产权（版权）法的保护。版权授予软件作者（版权所有者）享有下列权益：复制、发布、修改、署名、出售等。购买一个软件，用户仅仅得到了该软件的使用权，并没有获得它的版权。随意进行软件复制和发布是一种盗版违法行为。

【实例3】若同一单位的很多用户都需要安装使用同一软件，最好购买该软件相应的_____。

    A. 多用户许可证　　　　　　　　B. 专利
    C. 著作权　　　　　　　　　　　D. 多个复制

【答案】A

【解析】购买一个软件，用户仅仅得到了该软件的使用权，并没有获得它的版权，若同一单位的很多用户都需要安装使用同一软件，最好购买该软件相应的多用户许可证。

【实例4】下列关于自由软件（free software）的叙述中，错误的是_____。

    A. 允许随意复制
    B. 允许自行销售
    C. 允许修改其源代码，可不公开对源代码修改的具体内容
    D. 遵循非版权原则

【答案】C

【解析】按照软件权益进行分类，软件有商品软件、共享软件和自由软件。商品软件，付费后才能得到使用权；共享软件，也称为试用软件（demoware），具有版权，可免费试用一段时间，允许复制和散发（但不可修改），试用期满后需交费才能继续使用；自由软件（free software）（≈开放源代码软件），用户可共享，并允许随意复制、修改其源代码，允许销售和自由传播。但是，对软件源代码的任何修改都必须向所有用户公开，还必须允许此后的用户享有进一步复制和修改的自由。自由软件有利于软件共享和技术创新，它的出现成就了

TCP/IP 协议、Apache Web 服务器软件和 Linux 操作系统等一大批软件精品的产生。免费软件（freeware）（≠free software），是无须付费即可获得的软件，如 PDF 阅读器、Flash 播放器、360 杀毒软件等。自由软件很多是免费软件，免费软件不全是自由软件。

【实例 5】Linux 操作系统的源代码是公开的，它是一种"自由软件"。

【答案】是

【解析】Linux 的内核是免费的，但其不能作为商业用途，如果对其进行修改，也必须让其他人享有自己 Linux 内核同样的权利。自由软件的原则是用户可以共享自由软件，允许随意复制、修改其源代码，允许销售和自由传播，但是对软件源代码的任何修改都必须向所有用户公开，还必须允许此后的用户享有进一步复制和修改的自由。

知识点 2　计算机软件分类

【实例 6】在计算机的软件分类中，应用软件和系统软件的相互关系是_____。

  A. 前者以后者为基础   B. 后者以前者为基础

  C. 每一类都不以另一方为基础 D. 每一类都以另一方为基础

【答案】A

【解析】计算机的软件分为系统软件和应用软件。系统软件是指控制和协调计算机及外围设备，支持应用软件开发和运行的系统，是无须用户干预的各种程序的集合，主要功能是调度、监控和维护计算机系统；负责管理计算机系统中各种独立的硬件，使它们可以协调工作。它主要包括操作系统、语言处理系统、数据库管理系统、辅助诊断测试类程序。系统软件的核心是操作系统。应用软件是为满足用户不同领域、不同问题的应用需求而提供的那部分软件，它又分为通用应用软件和定制应用软件。

【实例 7】下列是系统软件的是_____。

  A. DOS 和 MIS   B. WPS 和 UNIX

  C. DOS 和 UNIX   D. UNIX 和 Word

【答案】C

【解析】系统软件主要有操作系统，包括 DOS（最早的磁盘操作系统）和目前计算机最常用的操作系统，如 Windows、Unix、Linux 等；语言处理系统，是对软件语言进行处理的程序子系统，包括各种语言如 C、Pascal、VB 等；数据库管理系统，是一种操纵和管理数据库的大型软件，用于建立、使用和维护数据库，简称 DBMS。本题中 DOS 和 UNIX 是操作系统，是系统软件；MIS 是信息管理系统，是一种应用软件；WPS 和 Word 是文字处理软件，也是应用软件。

【实例 8】下列软件属于应用软件的是_____。

  ①金山词霸 ②SQL Server ③FrontPage ④CorelDRAW

  ⑤编译器   ⑥Linux   ⑦银行会计软件 ⑧Oracle ⑨民航售票软件

  A. ①③④⑦⑨   B. ②③⑥⑧

  C. ①③⑦⑨   D. ①③⑥⑨

【答案】A

【解析】编译器、Linux、SQL Server、Oracle 都属于系统软件，其他的属于应用软件。

【实例 9】常用的文字处理软件有 Linux、Word、WPS 等。

【答案】非

【解析】Linux 是操作系统，Word 和 WPS 是文字处理软件。

【实例 10】计算机软件的发展大致经历了 3 个阶段，下列叙述正确的是_____。

　　A．第一阶段主要是科学与工程计算，使用低级语言编制程序

　　B．第三阶段使用高级语言编制程序，并产生了操作系统和数据库管理系统

　　C．20 世纪 80 年代初出现了"软件危机"

　　D．为适应开发大型软件的需要，在第二阶段提出了"软件工程"的概念

【答案】A

【解析】数据库管理系统是在第二阶段产生的，B 选项错误；计算机软件发展的第二阶段为 20 世纪 50～60 年代，这个阶段软件的复杂程度迅速提高，研制周期变长，正确性难以保证，到 60 年代发生了难以控制的局面，即所谓的"软件危机"，所以 C 选项错误；到了第三阶段，为适应开发大型软件的需要，提出"软件工程"的概念，D 选项也是错误的。

【实例 11】下列不属于计算机软件技术的是_____。

　　A．人机接口技术　　　　　　　　B．操作系统技术

　　C．网络软件技术　　　　　　　　D．单片机接口技术

【答案】D

【解析】计算机软件技术主要包括软件工程技术、程序设计技术、软件工具环境技术、数据库技术、网络软件技术及与实际工作相关的软件技术。单片机接口技术不属于其中的任何一类。

【实例 12】基本输入/输出系统（BIOS）属于系统软件。

【答案】是

【解析】系统软件泛指那些为了有效地使用计算机系统、给应用软件开发与运行提供支持或者能为用户管理与使用计算机提供方便的一类软件。例如，基本输入/输出系统、操作系统、程序设计语言、数据库管理系统、常用的实用程序等都是系统软件。

【实例 13】应用软件分为通用应用软件和定制应用软件，AutoCAD 软件属于定制应用软件。

【答案】非

【解析】AutoCAD 软件属于通用应用软件。定制应用软件是按照不同领域用户的特定应用要求而专门开发的软件，如超市的销售管理、市场预测系统和学校教务管理软件等。

知识点 3 计算机裸机、操作系统和应用软件之间的关系

【实例 14】操作系统和应用软件中，更靠近计算机硬件的是操作系统。

【答案】是

【解析】计算机裸机是指不包含任何软件的计算机，必须先安装操作系统才能使用；操作系统是管理计算机系统的全部软硬件资源，为其他应用软件提供支持，为用户提供友善的服务界面；根据需求安装相应的应用软件。计算机裸机、操作系统和应用软件三者之间的关系如图 8-1 所示。

图 8-1　计算机裸机、操作系统和应用软件之间的关系

【实例 15】微软公司的媒体播放器软件和浏览器软件是和 Windows 操作系统捆绑在一起进行安装的，所以媒体播放器软件和浏览器软件也是系统软件。

【答案】非

【解析】虽然微软公司的媒体播放器软件和浏览器软件是和 Windows 操作系统捆绑在一起进行安装的，操作系统只有 DOS（最早的磁盘操作系统）和目前计算机最常用的 Windows、Unix、Linux 这 4 个，但是媒体播放器软件和浏览器软件属于应用软件。

知识点 4　操作系统功能

【实例 16】在计算机系统中，对计算机各类资源进行统一管理和调度的软件是＿＿＿＿＿。

　　A. 语言处理程序　　　　　　　　　　B. 应用软件
　　C. 操作系统　　　　　　　　　　　　D. 数据库管理系统

【答案】C

【解析】操作系统是计算机中最重要的系统软件，它是一些程序模块的集合，它能以尽量有效、合理的方式组织和管理计算机的软硬件资源，合理地安排计算机的工作流程，控制和支持应用程序的运行，并向用户提供各种服务，使用户能灵活、方便、有效地使用计算机，以提高计算机的运行效率。操作系统主要有三大作用：①为计算机中运行的程序管理和分配各种软硬件资源；②为用户提供友善的人机界面；③为应用程序的开发和运行提供一个高效率的平台。操作系统有五大管理功能，分别是处理器管理、存储管理、设备管理、文件管理和作业管理。

【实例 17】Windows 系统支持使用长文件名，用户可以为文件定义任意长度的文件名。

【答案】非

【解析】文件目录在 Windows 系统中称为文件夹，每个逻辑盘（物理盘或硬盘上的分区）是一个根文件夹，文件夹中既可包含文件，也可包含文件夹（子文件夹），子文件夹又可存放文件和子文件夹，形成树形多级文件夹结构。每个文件均有自己的"文件名"，用户（或软件）使用文件名读出/写入（称为"存取"）外存储器中的文件。文件的名字由两部分组成：(主文件名) [.扩展名]。文件名的最大长度是 255 个字符。

【实例 18】Windows 系统中，若在 C 盘根文件夹中已有一个名为 ABC 的文件夹，那么在 D 盘根文件夹中就不能再创建同名的文件夹。

【答案】非

【解析】Windows 系统中同一文件夹中不能存在同名的文件或文件夹，C 盘和 D 盘属于不同根文件夹，所以在 D 盘可以创建 ABC 的文件夹。

【实例 19】Windows 系统中，不同文件夹中的文件不能同名。

【答案】非

【解析】不同文件夹中的文件名可以相同，同一文件夹中的文件不能同名。

【实例 20】下列关于操作系统多任务处理的说法中，错误的是_____。

    A．Windows 操作系统支持多任务处理

    B．多任务处理是指将 CPU 时间划分成时间片，轮流为多个任务服务

    C．当多个任务同时运行时一个任务通常对应一个窗口

    D．多任务处理要求计算机必须配有多个 CPU

【答案】D

【解析】多任务处理是指将 CPU 时间划分成"时间片"，轮流为多个任务服务，所以只要一个 CPU 就可以实现。

【实例 21】一般来说，在多任务处理系统中，_____，CPU 响应越慢。

    A．任务数越少　　　　　　　　B．任务数越多

    C．硬盘容量越小　　　　　　　D．内存容量越大

【答案】B

【解析】多任务处理系统是指将 CPU 划分为时间片，轮流为每个任务服务，所以任务数越多，CPU 响应越慢。

【实例 22】操作系统具有存储器管理功能，它可以自动"扩充"内存，为用户提供一个容量比实际内存大得多的_____。

    A．虚拟存储器　　　　　　　　B．脱机缓冲存储器

    C．高速缓冲存储器（cache）　　D．离线后备存储器

【答案】A

【解析】计算机中所有运行的程序都需要经过内存来执行，如果执行的程序很大或很多，就会导致内存消耗殆尽。为了解决这个问题，Windows 系统运用了虚拟内存技术，即拿出一部分硬盘空间来充当内存使用，这就是虚拟存储器。

【实例 23】以下关于操作系统中多任务处理的叙述中，错误的是_____。

    A．将 CPU 时间划分成许多小片，轮流为多个程序服务，这些小片称为"时间片"

    B．由于 CPU 是计算机系统中最宝贵的硬件资源，为了提高 CPU 的利用率，一般采用多仟务处理

    C．正在 CPU 中运行的程序称为前台任务，处于等待状态的任务称为后台任务

    D．在单 CPU 环境下，多个程序在计算机中同时运行时，意味着它们宏观上同时运行，微观上由 CPU 轮流执行

【答案】C

【解析】活动窗口所对应的任务是前台任务，其他窗口都是非活动窗口，对应的任务称为后台任务，前台任务和后台任务可以"同时"进行。

【实例 24】下列关于操作系统设备管理的叙述中，错误的是_____。

    A．设备管理程序负责对系统中的各种输入/输出设备进行管理

    B．设备管理程序负责处理用户和应用程序的输入/输出请求

    C．每个设备都有自己的驱动程序

D. 设备管理程序驻留在 BIOS 中

【答案】D

【解析】操作系统启动机器后设备管理程序驻留在内存中。

【实例 25】PC 加电启动时，引导程序的功能是把操作系统的核心部分从磁盘装入内存。

【答案】是

【解析】安装了操作系统的计算机，操作系统总是驻留在硬盘上。PC 加电启动时，CPU 首先执行 ROM BIOS 中的自检程序，若无异常，继续执行 BIOS 中的自举程序，它从硬盘中读出引导程序并装入内存，然后将控制权交给引导程序，由引导程序继续装入操作系统。

【实例 26】虚拟存储技术将_____上的一部分作为内存来使用。

      A. 硬盘   B. 缓存   C. 光盘   D. 内存条

【答案】A

【解析】虚拟存储器是由计算机中的物理内存（主板上的 RAM）和硬盘上的虚拟内存（交换文件）联合组成的，每个页面的大小是 4KB，页面调度算法采用"最近最少使用"（LRU）算法，操作系统通过在物理内存和虚拟内存之间来回地自动交换程序和数据页面，从而达到两种效果：①开发应用程序时，每个程序都在各自独立的、容量很大的地址空间里进行编程，不用考虑物理内存大小的限制；②程序运行时，用户可以启动许多应用程序运行，其数目不受内存容量的限制，也不必担心它们相互间是否会发生冲突。

【实例 27】PC 加电启动时，执行了 BIOS 中的 POST 程序后，若系统无致命错误，计算机将执行 BIOS 中的_____。

      A. 系统自举程序   B. CMOS 设置程序

      C. 操作系统引导程序   D. 检测程序

【答案】A

【解析】当 PC 加电启动时，CPU 首先执行 ROM BIOS 中的自检程序，若无异常情况，CPU 将继续执行 BIOS 中的自举程序，它从硬盘中读出引导程序并装入 RAM 中，再由引导程序继续装入操作系统。

知识点 5　常用操作系统

【实例 28】Unix 操作系统主要在 PC 上使用。

【答案】非

【解析】Unix 操作系统和 Linux 操作系统也是目前广泛使用的主流操作系统。它们主要安装在巨型机、大型机上，可作为网络操作系统使用，也可用于 PC 或嵌入式系统。

【实例 29】下列操作系统都具有网络通信功能，但其中不能作为网络服务器操作系统的是_____。

      A. Windows 2000 Professional   B. Linux

      C. Windows 2000 Server   D. Unix

【答案】A

【解析】Windows 2000 Server 是 Windows 2000 的服务器版本，而 Linux 和 Unix 的优势都反映在网络服务器方面，这 3 种操作系统都可作为网络服务器操作系统。

【实例 30】以下软件中，_____是一种操作系统。

      A. WPS   B. Excel   C. PowerPoint   D. Unix

【答案】D

【解析】WPS、Excel、PowerPoint 是通用应用软件，都不是操作系统，Unix 是目前广泛使用的主流操作系统，主要安装在巨型机、大型机上，作为网络操作系统使用，也可用于 PC 或嵌入式系统。

【实例 31】对于下列 7 个软件：①Windows 7；②Windows XP；③Windows NT；④FrontPage；⑤Access；⑥Unix；⑦Linux。其中，_____均为操作系统软件。

　　　　A．①②③④　　　　　　　　　B．①②③⑤⑦
　　　　C．①③⑤⑥　　　　　　　　　D．①②③⑥⑦

【答案】D

【解析】FrontPage 和 Access 是 Office 组件之一，都是通用应用软件，其他的都是常用的操作系统软件。

【实例 32】下列一般不作为服务器操作系统使用的是_____。

　　　　A．Unix　　　　　　　　　　　B．Windows XP
　　　　C．Windows NT Server　　　　　D．Linux

【答案】B

【解析】Windows XP、Windows 2000 Professional 是客户端系统，是一个针对个人用户的操作系统，一般不作为服务器操作系统使用。

知识点 6　算法和数据结构

【实例 33】一个完整的算法必须有输出。

【答案】是

【解析】尽管由于需要求解的问题不同而使得算法千变万化、简繁各异，但它们都必须满足下列基本要求：确定性、有穷性、能行性、至少有一个输出。

【实例 34】算法与程序不同，算法是问题求解规则的一种过程描述。

【答案】是

【解析】采用某种程序设计语言对问题的对象和解题步骤进行的描述就是程序，而算法是问题求解规则的一种过程描述。

【实例 35】程序的核心是算法。

【答案】是

【解析】软件的主体是程序，程序的核心是算法。

【实例 36】下列有关算法的叙述，正确的是_____。

　　　　A．算法可以没有输出量
　　　　B．算法在执行了有穷步的运算后终止
　　　　C．一个好的算法一定能满足时间代价和空间代价同时为最小
　　　　D．算法中不一定每一步都有确切的含义，如说明性语句等

【答案】B

【解析】算法至少要含有一个输出量，故 A 选项错误；一个好的算法不一定能满足时间代价和空间代价同时为最小，应该经过一个综合考虑来评判一个算法是否为一个好的算法，故 C 选项也错误；算法必须满足确定性，即每一步都有确切的含义，D 选项也错误。

【实例 37】若求解某个问题的程序要反复多次执行，则在设计求解算法时，应重点在

_____代价上考虑。

【答案】时间

【解析】分析一个算法的好坏，除了其正确性之外，还应考虑执行算法要占用的计算机资源，包括时间和空间方面。时间是指程序在计算机中运行时所耗费的时间；空间是指算法在计算机中实现时所占用存储空间的大小，但在不同情况下应用不同的选择。若按某算法编制的程序使用次数较少，则力求该算法简明易读；若程序要反复运行多次，则应尽可能选用快速的算法，即应从时间代价上考虑。

【实例38】若有问题规模为 n 的算法，其主运算的时间特性表示为 $T(n)=n^2+2n+\log_2 n$，则该算法的时间复杂性的 O 函数表示为_____。

【答案】$O(n^2)$

【解析】根据题意，该程序运行所需要的时间与 n^2 成正比，则时间复杂性函数 O 表示为 $O(n^2)$。

【实例39】算法和数据结构之间存在密切关系，算法往往建立在数据结构的基础上，若数据结构不同，对应问题的求解算法也会有差异。

【答案】是

【解析】数据结构能使算法有效地实现。精心选择和设计的数据结构可以提高算法的时间效率和空间效率。通常情况下，确定了数据结构之后，算法就容易得到实现。但有时情况也会相反，先设计出特定的算法，再选择或设计数据结构与之适应。

知识点 7　程序设计语言分类

【实例40】求解数值计算问题选择程序设计语言时，一般不会选用_____。

　　A．FORTRAN　　　　　　　B．C 语言
　　C．Visual FoxPro　　　　　　D．MATLAB

【答案】C

【解析】Visual FoxPro 是数据库管理系统，不专门用来求解数值计算问题。

【实例41】把 C 语言源程序翻译成目标程序的方法通常是_____。

　　A．汇编　　　　　　　　　B．编译
　　C．解释　　　　　　　　　D．由操作系统确定

【答案】B

【解析】从汇编语言到机器语言的翻译程序称为汇编程序。从高级语言到汇编语言（或机器语言）的翻译程序称为编译程序。按源程序中语句的顺序逐条翻译并立即执行的处理程序称为解释程序。

【实例42】下列关于汇编语言的叙述中，错误的是_____。

　　A．汇编语言属于低级程序设计语言
　　B．汇编语言源程序可以直接运行
　　C．不同型号 CPU 支持的汇编语言不一定相同
　　D．汇编语言也是一种面向机器的编程语言

【答案】B

【解析】汇编语言是用助记符来代替机器指令的操作码和操作数的，计算机并不能直接执行。

【实例 43】语言处理程序的作用是把高级语言程序转换成可在计算机上直接执行的程序。下列不属于语言处理程序的是_____。

  A．汇编程序   B．解释程序

  C．编译程序   D．监控程序

【答案】D

【解析】从汇编语言到机器语言的翻译程序称为汇编程序。从高级语言到汇编语言（或机器语言）的翻译程序称为编译程序。按源程序中语句的顺序逐条翻译并立即执行的处理程序称为解释程序。

【实例 44】_____语言内置面向对象的机制，支持数据抽象，已成为当前面向对象程序设计的主流语言之一。

  A．FORTRAN   B．ALGOL

  C．C   D．C++

【答案】D

【解析】C++是以 C 语言为基础发展起来的，既有数据抽象能力、运行性能高，又能与C 语言相兼容，已成为当前面向对象程序设计的主流语言之一。

【实例 45】下列关于程序设计语言的说法中，错误的是_____。

  A．高级语言程序的执行速度比低级语言程序慢

  B．机器语言就是计算机的指令系统

  C．高级语言与机器有关

  D．程序设计语言按其级别可以划分为机器语言、汇编语言和高级语言三大类

【答案】C

【解析】高级语言的表示方法接近解决问题的表示方法，而且具有通用性，在一定程度上与机器无关。

知识点 8　程序设计语言成分

【实例 46】以下所列结构中，_____属于高级程序设计语言的控制结构。

①顺序结构　②自顶向下结构　③条件选择结构　④循环结构

  A．①②③   B．①③④   C．①②④   D．②③④

【答案】B

【解析】高级程序设计语言的控制结构有顺序结构、条件选择结构和循环结构。

【实例 47】在 C 语言中，"if ... else ..."属于高级程序设计语言中的_____成分。

  A．数据   B．运算   C．控制   D．传输

【答案】C

【解析】高级语言的基本成分可归纳为 4 种：①数据成分，用以描述程序所处理的数据对象；②运算成分，用以描述程序所包含的运算；③控制成分，用以表达程序中的控制构造；④传输成分，用以表达程序中数据的传输。

【实例 48】以下关于高级程序设计语言中的数据成分的说法中，错误的是_____。

  A．数据的名称用标识符来命名

  B．数组是一组相同类型数据元素的有序集合

  C．指针变量中存放的是某个数据对象的地址

D. 程序员不能自己定义新的数据类型

【答案】D

【解析】程序员可以按应用要求自己定义新的数据类型。

【实例 49】高级程序设计语言种类繁多，但其基本成分可归纳为 4 种，其中对处理对象的类型说明属于高级语言中的_____成分。

  A. 数据   B. 运算   C. 控制   D. 传输

【答案】A

【解析】高级语言的基本成分可归纳为 4 种：①数据成分，用以描述程序所处理的数据对象；②运算成分，用以描述程序所包含的运算；③控制成分，用以表达程序中的控制构造；④传输成分，用以表达程序中数据的传输。

【实例 50】高级程序设计语言中的 I/O 语句可用于程序中_____。

  A. 控制流程   B. 传输数据

  C. 实施运算   D. 分配存储

【答案】B

【解析】高级程序设计语言中的传输成分用以表达程序中数据的传输，如赋值语句、I/O 语句等。

2. 真题训练

（1）是非题

1）软件虽然不是物理产品而是一种逻辑产品，但通常必须使用物理载体进行存储和分发。

2）Office 软件是通用的软件，它可以不依赖操作系统而独立运行。

3）一台计算机的机器语言就是这台计算机的指令系统。

4）软件产品的设计报告、维护手册和用户使用指南等不属于计算机软件的组成部分。

5）Windows XP 操作系统的软件防火墙是在 IE 中设置的。

6）软件是无形的产品，它不容易受到计算机病毒入侵。

7）Photoshop 是有名的图像编辑处理软件之一。

8）共享软件是一种"买前免费试用"的具有版权的软件，它是一种为了节约市场营销费用的有效的软件销售策略。

9）程序就是算法，算法就是程序。

10）一个完整的算法必须有输出。

11）文档是程序开发、维护和使用所涉及的资料，是软件的重要组成部分之一。

12）中学里学过的使用辗转相除法求最大公约数的方法，是一种算法。

13）Excel、PowerPoint 和 Word 都是文字处理软件。

14）在 Windows 系统中，按 Alt＋PrintScreen 组合键可以将桌面上当前窗口的图像复制到剪贴板中。

15）存储在磁盘中的 MP3 音乐、JPEG 图片等都是计算机软件。

16）Internet 防火墙是安装在 PC 上仅用于防止病毒入侵的硬件系统。

17）流程图是最好的一种算法表示方法。

18）P3 是世界著名的工程项目管理软件，它能管理大型工程项目的有关资源，因此它应属于系统软件。

19）按照软件分类原则，能统一管理工程项目中的人力、物力的软件是系统软件。

20）软件必须依附一定的硬件和软件环境，否则它可能无法正常运行。

21）一个算法可以不满足能行性。

22）软件的主体是程序，程序的核心是算法。

23）计算机启动成功后，操作系统的所有程序模块全部装入内存。

24）免费软件是一种不需付费就可取得并使用的软件，但用户并无修改和分发权，其源代码也不一定公开。360 杀毒软件就是一款免费软件。

25）应用软件分为通用应用软件和定制应用软件，学校教务管理软件属于定制应用软件。

26）软件以二进位编码表示，且通常以电、磁、光等形式存储和传输，因而很容易被复制和盗版。

27）Windows 系统中采用图标（icon）来形象地表示系统中的文件、程序和设备等对象。

（2）选择题

28）下列不属于操作系统中设备管理的"职责范围"的是_____。

　A．I/O 设备的即插即用　　　　　B．光盘片从光驱中弹出
　C．打印机缺纸报警　　　　　　　D．查杀硬盘中的木马程序

29）下列关于程序设计语言的说法中，正确的是_____。

　A．高级语言程序的执行速度比低级语言程序快
　B．高级语言就是人们日常使用的自然语言
　C．高级语言与 CPU 的逻辑结构无关
　D．无须经过翻译或转换，计算机就可以直接执行用高级语言编写的程序

30）下列关于 Windows XP 操作系统的说法中，错误的是_____。

　A．提供图形用户界面（GUI）
　B．支持外围设备的即插即用
　C．支持多种协议的通信软件
　D．各个版本均适合作为服务器操作系统类使用

31）在计算机加电启动过程中，①加电自检程序、②操作系统、③系统主引导记录中的程序、④系统主引导记录的装入程序，这 4 个部分程序的执行顺序为_____。

　A．①②③④　　　　　　　　　B．①③②④
　C．③②④①　　　　　　　　　D．①④③②

32）_____语言内置面向对象的机制，支持数据抽象，已成为当前面向对象程序设计的主流语言之一。

　A．LISP　　　　B．ALGOL　　　C．C　　　D．C++

33）下列关于计算机机器语言的叙述中，错误的是_____。

　A．机器语言就是计算机的指令系统
　B．用机器语言编写的程序可以在各种不同类型的计算机上直接执行
　C．用机器语言编制的程序难以维护和修改
　D．用机器语言编制的程序难以理解和记忆

34）在 Windows 系统中，运行_____可以了解系统中有哪些任务正在运行，分别处

于什么状态，CPU 的使用率（忙碌程度）是多少等有关信息。

    A．媒体播放器   B．任务管理器

    C．设备管理器   D．控制面板

35）用高级语言和机器语言编写具有相同功能的程序时，下列说法中错误的是_____。

    A．前者比后者可移植性强   B．前者比后者执行速度快

    C．前者比后者容易编写   D．前者比后者容易修改

36）Windows 操作系统属于_____。

    A．系统软件   B．应用软件

    C．工具软件   D．专用软件

37）C 语言程序中的算术表达式（如 $X+Y-Z$），属于高级程序语言中的_____成分。

    A．数据   B．运算   C．控制   D．传输

38）在银行金融信息处理系统中，为使多个用户都能同时得到系统的服务，采取的主要技术措施是_____。

    A．计算机必须有多台

    B．CPU 时间划分为"时间片"，轮流为不同的用户程序服务

    C．计算机必须有多个系统管理员

    D．系统需配置多个操作系统

39）下列关于操作系统处理器管理的说法中，错误的是_____。

    A．处理器管理的主要目的是提高 CPU 的使用效率

    B．多任务处理是将 CPU 时间划分成时间片，轮流为多个任务服务

    C．并行处理系统可以让多个 CPU 同时工作，提高计算机系统的性能

    D．多任务处理要求计算机使用多核 CPU

40）负责管理计算机中的硬件和软件资源，为应用程序开发和运行提供高效率平台的软件是_____。

    A．操作系统   B．数据库管理系统

    C．编译系统   D．专用软件

41）下列关于程序设计语言的说法中，错误的是_____。

    A．FORTRAN 语言是一种用于数值计算的面向过程的程序设计语言

    B．Java 是面向对象用于网络环境编程的程序设计语言

    C．C 语言所编写的程序可移植性好

    D．C++是面向过程的语言，Visual C++是面向对象的语言

42）PC 正在工作时，若按下主机箱上的 Reset（复位）按钮，PC 将立即停止当前工作，转去重新启动计算机，首先是执行_____程序。

    A．系统主引导记录的装入   B．加电自检

    C．CMOS 设置   D．基本外围设备的驱动

43）下列关于操作系统设备管理的叙述中，错误的是_____。

    A．设备管理程序负责对系统中的各种输入输出设备进行管理

    B．设备管理程序负责处理用户和应用程序的输入输出请求

    C．每个设备都有自己的驱动程序

D．设备管理程序驻留在 BIOS 中

44）Windows 操作系统支持多个工作站共享网络上的打印机。下列关于网络打印的说法中，错误的是＿＿＿＿。

A．需要打印的文件，按"先来先服务"的顺序存放在打印队列中

B．用户可查看打印队列的工作情况

C．用户可暂停正在进行的打印任务

D．用户不能取消正在进行的打印任务

45）PC 加电启动时，计算机首先执行 BIOS 中的第一部分程序，其目的是＿＿＿＿。

A．读出引导程序，装入操作系统

B．测试 PC 各部件的工作状态是否正常

C．从硬盘中装入基本外围设备的驱动程序

D．启动 CMOS 设置程序，对系统的硬件配置信息进行修改

46）下列有关网络操作系统的叙述中，错误的是＿＿＿＿。

A．网络操作系统通常安装在服务器上运行

B．网络操作系统必须具备强大的网络通信和资源共享功能

C．网络操作系统应能满足用户的任何操作请求

D．利用网络操作系统可以管理、检测和记录客户机的操作

47）下列叙述中，错误的是＿＿＿＿。

A．程序就是算法，算法就是程序

B．程序是用某种计算机语言编写的语句的集合

C．软件的主体是程序

D．只要软件运行环境不变，它们的功能和性能就不会发生变化

48）程序设计语言的编译程序或解释程序属于＿＿＿＿。

A．系统软件　　　　B．应用软件　　C．实时系统　　D．分布式系统

49）"数据结构"包括 3 个方面的内容，它们是＿＿＿＿。

A．数据的存储结构、数据的一致性和完备性约束

B．数据的逻辑结构、数据间的联系和它们的表示

C．数据的逻辑结构、数据间的联系和它们的存储结构

D．数据的逻辑结构、数据的存储结构和数据的运算

（3）填空题

50）微软公司提供的免费即时通信软件是＿＿＿＿。

3．真题解析

（1）是非题

1）【答案】是

【解析】人们把程序及与程序相关的数据和文档统称为软件。其中，程序是软件的主体，软件产品则是软件开发商交付给用户用于特定用途的一整套程序、数据及相关的文档，它们以光盘或磁盘作为载体，也可以经过授权后从网上下载。

2）【答案】非

【解析】Office 是通用应用软件，操作系统是系统软件。应用软件是在系统软件的基础上开发和运行的。

3）【答案】是

【解析】机器语言就是计算机的指令系统，用机器语言编写的程序可以被计算机直接执行。

4）【答案】非

【解析】软件不仅包括程序，也包括与程序相关的数据和文档。软件产品的设计报告、维护手册和用户使用指南等就属于软件文档，是软件的重要组成部分之一。

5）【答案】非

【解析】Windows XP 有多种版本，具有丰富的音频、视频处理和网络通信功能，最大可以支持 4GB 内存和 2 个 CPU。此外，它还增强了防病毒功能，增加了系统安全措施（如 Internet 防火墙、文件加密等）。防火墙是在网上邻居的连接属性中设置的。

6）【答案】非

【解析】计算机病毒具有破坏性，凡是软件能作用到的计算机资源（包括程序、数据甚至硬件），均可能受到病毒的破坏。

7）【答案】是

【解析】在图像处理软件中，Photoshop 是有名的、流行的软件之一。

8）【答案】是

【解析】共享软件是一种"买前免费试用"的具有版权的软件，它通常允许用户试用一段时间，也允许用户进行复制和散发（但不可修改后散发）。一旦试用期过后，还想继续试用，就需交一笔注册费，成为注册用户才行。这是一种为了节约市场营销费用的有效的软件销售策略。

9）【答案】非

【解析】简单地说，算法就是解决问题的方法与步骤；而采用某种程序设计语言对问题的对象和解题步骤进行的描述就是程序。也就是说程序是算法的一种展示。

10）【答案】是

【解析】算法的重要特征之一是有输出项，一个算法有一个或多个输出，以反映对输入数据加工后的结果。没有输出的算法是毫无意义的。

11）【答案】是

【解析】软件不仅包括程序，也包括与程序相关的数据和文档。软件产品的设计报告、维护手册和用户使用指南等就属于软件文档，是软件的重要组成部分之一。

12）【答案】是

【解析】算法就是解决问题的方法与步骤。算法的一个显著特征是它解决的是一类问题，而不是一个特定的问题。

13）【答案】非

【解析】Word 是文字处理软件，Excel 是电子表格软件，PowerPoint 是演示软件。

14）【答案】是

【解析】在 Windows 系统中，单独按 PrintScreen 键是将整个屏幕复制到剪贴板中；按 Alt＋PrintScreen 组合键可以将桌面上当前窗口的图像复制到剪贴板中。

15）【答案】非

【解析】软件的含义比程序更宏观、更物化。一般情况下，软件往往是指设计比较成熟、功能比较完善、具有某种使用价值的程序。而且，人们把程序及与程序相关的数据和文档统称为软件。其中，程序是软件的主体，软件产品则是软件开发商交付给用户用于特定用途的一整套程序、数据及相关的文档。

16）【答案】非

【解析】防火墙是用于将 Internet 的子网与 Internet 的其余部分相隔离以维护网络信息安全的一种软件或硬件设备。防火墙有多种类型，有些是独立产品，有些集成在路由器中，有些以软件模块形式组合在操作系统中。

17）【答案】非

【解析】算法的表示可以有多种形式，如文字说明、流程图表示、伪代码（一种介于自然语言和程序设计语言之间的文字和符号表达工具）和程序设计语言等。文字描述的缺点：很难"系统"并"精确"地表达算法，且叙述冗长，他人不容易理解；流程图表示比文字描述简明得多，但当算法比较复杂时，流程图也难以表达清楚，且容易产生错误；用某种具体的程序设计语言描述一个算法，也会带来很多不便，因为按程序设计语言的语法规定，往往要编写很多与算法无关而又十分烦琐的语句。因此，为了集中精力进行算法设计，一般都采用类似于自然语言的"伪代码"来描述算法。

18）【答案】是

【解析】系统软件泛指那些为了有效地使用计算机系统、给应用软件开发与运行提供支持或者能够为用户管理与使用计算机提供方便的一类软件。例如，基本输入/输出系统、操作系统、程序设计语言处理系统（如 C 语言的编译器）、数据库管理系统等都是系统软件。

19）【答案】非

【解析】软件一般分为系统软件和应用软件，能统一管理工程项目中的人力和物力的软件通常是应用软件。

20）【答案】是

【解析】硬件是有形的物理实体，而软件是无形的，它具有许多与硬件不同的特性，特性之一便是依附性：软件不像硬件产品那样能独立存在，它要依附于一定的环境，这个环境是由特定的计算机硬件、网络和其他软件组成的，没有一定的环境，软件就无法正常运行，甚至根本不能运行。

21）【答案】非

【解析】算法必须满足以下基本要求：确定性、有穷性、能行性、产生输出。

22）【答案】是

【解析】软件的含义比程序更宏观、更物化。一般情况下，软件往往是指设计比较成熟、功能比较完善、具有某种使用价值的程序。人们把程序及与程序相关的数据和文档统称为软件。其中，程序是软件的主体，要使计算机解决某个问题，首先必须确定该问题的解决方法与步骤，然后据此编写程序并交给计算机执行。这里所说的解题方法与步骤就是"算法"，采用某种程序设计语言对问题的对象和解题步骤进行的描述就是程序。

23）【答案】非

【解析】计算机启动成功后，并不是操作系统的所有程序模块都进入内存，只有启动项和自动启动的服务进程才能进入内存。

24）【答案】是

【解析】免费软件是一种不需付费就可取得并使用的软件，但用户并无修改和分发权，其源代码也不一定公开。Adobe Reader、Flash Player、360 杀毒软件等都是免费软件。大多数自由软件都是免费软件，但免费软件并不都是自由软件。

25）【答案】是

【解析】应用软件分为通用应用软件和定制应用软件。定制应用软件是按照不同领域用户的特定应用要求而专门设计开发的，如超市的销售管理和市场预测系统、汽车制造厂的集成制造系统、学校教务管理系统、医院信息管理系统、酒店客房管理系统等。这类软件专用性强，设计和开发成本相对较高，主要是一些机构用户购买，因此价格比通用应用软件贵得多。

26）【答案】是

【解析】软件以二进位表示，以电、磁、光等形式存储和传输，因而软件可以非常容易且毫无失真地进行复制，这就使软件的盗版行为很难绝迹。软件开发商除了依靠法律保护软件之外，还经常采用各种防复制措施来确保其软件产品的销售量，以收回高额的开发费用并取得利润。

27）【答案】是

【解析】Windows 系统向用户提供了一种图形用户界面（GUI），它通过多个窗口分别显示正在运行的各个程序的状态，采用图标（icon）来形象地表示系统中的文件、程序和设备等对象。

（2）选择题

28）【答案】D

【解析】操作系统中的"设备管理"程序负责对系统中的各种输入/输出设备进行管理，处理用户（或应用程序）的输入/输出请求，方便、有效、安全地完成输入/输出操作。在 Windows 操作系统中，设备管理程序还支持"即插即用"功能。

29）【答案】C

【解析】高级语言虽然接近自然语言，但与自然语言仍有很大差距。除了机器语言程序外，其他程序设计语言编写的程序都不能直接在计算机上执行，需要对它们进行适当的变换。高级语言的表示方法接近解决问题的表示方法，而且具有通用性，在一定程度上与机器无关。

30）【答案】D

【解析】Windows XP 不适合作为服务器操作系统来使用。

31）【答案】D

【解析】安装了操作系统的计算机，操作系统大多驻留在硬盘存储器中。当加电启动计算机工作时，CPU 首先执行主板上 BIOS 中的自检程序，测试计算机中各部件的工作状态是否正常。若无异常情况，CPU 将继续执行 BIOS 中的引导装入程序，按照 CMOS 中预先设定的启动顺序，依次搜寻硬盘、光盘或 U 盘，若硬盘中已安装了操作系统，则将其第一个扇区的内容（主引导记录）读出并装入内存，然后将控制权交给其中的操作系统引导程序，由引导程序继续将操作系统装入内存。操作系统装入成功后，整个计算机就处于操作系统的控制之下，用户即可正常地使用计算机。

32）【答案】D

【解析】C++是以 C 语言为基础发展起来的，既有数据抽象能力、运行性能高，又能与 C 语言相兼容，已成为当前面向对象程序设计的主流语言之一。

33）【答案】B

【解析】机器语言就是计算机的指令系统，用机器语言编写的程序可以被计算机直接执行。但由于不同类型计算机的指令系统不同，因而在一种类型计算机上编写的机器语言程序，在另一种不同类型的计算机上可能不能运行。另外，机器语言全部采用二进制（八进制、十六进制）代码编制，人们不易记忆和理解，难以修改和维护。

34）【答案】B

【解析】在 Windows 系统中，一旦成功启动以后，就进入了多任务处理状态。这时，除了操作系统本身相关的一些程序正在运行之外，用户还可以启动多个应用程序同时工作，它们互不干扰地独立运行。用户借助"Windows 任务管理器"，可以随时了解系统中有哪些任务正在运行，分别处于什么状态，CPU 的使用率（忙碌程度）是多少，存储器的使用情况如何等有关信息。

35）【答案】B

【解析】程序设计语言按其级别可以划分为机器语言、汇编语言和高级语言三大类。为了提高编写程序和维护程序的效率，一种接近人们自然语言（是指英语和数学语言）的程序设计语言应运而生，这就是高级语言。高级语言的表示方法接近解决问题的表示方法，而且具有通用性，在一定程度上与机器无关，适用于任何配置了这种高级语言处理系统的计算机。由此可见，高级语言的特点是易学、易用、易维护，人们可以更有效、更方便地用它来编制各种用途的计算机程序。它需要使用语言处理系统把用程序语言编写的程序变换成可在计算机上执行的程序，进而得到计算结果。

36）【答案】A

【解析】软件一般分为系统软件和应用软件，Windows 操作系统属于系统软件。

37）【答案】B

【解析】高级程序设计语言中，运算成分主要用于描述程序所包含的运算，如算术表达式或逻辑表达式等。

38）【答案】B

【解析】为了支持多任务处理，操作系统中有一个处理器调度程序负责把 CPU 时间分配给各个任务，这样才能使多个任务"同时"执行。调度程序一般采用按时间片轮转的策略。

39）【答案】D

【解析】多任务处理是指将 CPU 时间划分成时间片，轮流为多个任务服务，所以只要一个 CPU 就可以实现。

40）【答案】A

【解析】操作系统是计算机中最重要的系统软件，它能为计算机中运行的程序管理和分配多种软硬件资源，并且为用户提供友善的人机界面。同时，也为应用程序的开发和运行提供一个高级的平台。

41）【答案】D

【解析】C++是以 C 语言为基础发展起来的，既有数据抽象能力、运行性能高，又能与 C 语言相兼容，已成为当前面向对象程序设计的主流语言之一。

42）【答案】B

【解析】PC 在工作过程中需要复位（Reset）时，PC 立即停止当前工作重新启动计算机，CPU 首先执行主板上 BIOS 中的自检程序，测试计算机中各部件的工作状态是否正常。

43）【答案】D

【解析】操作系统中的"设备管理"程序负责对系统中的各种输入/输出设备进行管理，处理用户（或应用程序）的输入/输出请求，方便、有效、安全地完成输入/输出操作。在 Windows 操作系统中，设备管理程序还支持"即插即用"功能。

44）【答案】D

【解析】用户可以取消正在进行的打印任务。

45）【答案】B

【解析】当加电启动计算机工作时，CPU 首先执行主板上 BIOS 中的自检程序，测试计算机中各部件的工作状态是否正常。若无异常情况，CPU 将继续执行 BIOS 中的引导装入程序。

46）【答案】C

【解析】安装在网络服务器上运行的"网络操作系统"具有多用户、多任务处理的能力，它们都具有多种网络通信功能，提供丰富的网络应用服务。

47）【答案】A

【解析】程序是告诉计算机做什么和如何做的一组指令，这些指令（语句）都是计算机所能理解并能够执行的一些命令。而算法是解决问题的方法与步骤，采用某种程序设计语言对问题的对象和解题步骤进行的描述就是程序。

48）【答案】A

【解析】系统软件泛指那些为了有效地使用计算机系统、给应用软件开发与运行提供支持或者能为用户管理与使用计算机提供方便的一类软件包。例如，基本输入/输出系统（BIOS）、操作系统（如 Windows）、程序设计语言处理系统（如 C 语言编译器）、数据库管理系统、常用的实用程序等都是系统软件。

49）【答案】D

【解析】数据结构包含 3 个方面的内容：①数据的抽象（逻辑）结构，数据结构中包含哪些数据元素、相互之间的关系等；②数据的物理定义，数据的逻辑结构如何在实际的存储器中予以实现、数据元素如何表现、相互关系如何表示等；③数据的定义，在数据结构上定义了哪些运算（操作）、它们是如何实现的。

（3）填空题

50）【答案】MSN Messenger

【解析】最早使用的即时通信软件是 ICQ。之后雅虎和微软公司也分别推出了自己的即时通信软件：Yahoo! Messenger 和 MSN Messenger。

项目 9　图形图像技术基础

1. 考点解析

知识点 1　字符编码

【实例 1】标准 ASCII 码字符集共有_____个编码。

【答案】128

【解析】标准 ASCII 码用 7 位二进制表示一个字符的编码,其不同的编码共有 $2^7＝128$ 个。

【实例 2】若中文 Windows 系统环境下西文使用标准 ASCII 码,汉字采用 GB 2312 编码,设有一段简单文本的内码为 CB F5 D0 B4 50 43 CA C7 D6 B8,则在这段文本中含有_____。

　　　　A．2 个汉字和 1 个西文字符　　　　B．4 个汉字和 2 个西文字符
　　　　C．8 个汉字和 2 个西文字符　　　　D．4 个汉字和 1 个西文字符

【答案】B

【解析】使用标准 ASCII 码来表示西文字符,是单字节编码,若用 1B 表示一个字符,最高位补 0,十六进制编码时首位≤7;采用 GB 2312 编码标准来表示汉字,是双字节编码,用连续 2B 来表示 1 个汉字,且最高位同时为 1,即十六进制编码时首位≥8。所以这段简单文本的内码中"CB F5"、"D0 B4"、"CA C7"和"D6 B8"表示 4 个汉字,而"50"和"43"表示 2 个西文字符。

【实例 3】为了既能与国际标准 UCS(Unicode)接轨,又能保护现有的中文信息资源,我国政府发布了_____汉字编码国家标准,它与以前的汉字编码标准保持向下兼容,并扩充了 UCS/Unicode 中的其他字符。

　　　　A．GB2312　　　B．ASCII　　　C．GB18030　　　D．GBK

【答案】C

【解析】无论是 Unicode 的 UTF-8 还是 UTF-16,其 CJK 汉字字符集虽然覆盖了我国已使用多年的 GB2312 和 GBK 标准中的汉字,但它们并不相同。为了既能与国际标准 UCS(Unicode)接轨,又能保护现有的中文信息资源,我国在 2000 年和 2005 年两次发布了 GB18030 汉字编码国家标准。

【实例 4】一本 100 万字(含标点符号)的现代中文长篇小说,以 TXT 文件格式保存在 U 盘中时,需要占用的存储空间大约是_____。

　　　　A．512KB　　　B．1MB　　　C．2MB　　　D．4MB

【答案】C

【解析】一个中文汉字在计算机中需要两个字节表示,100 万字大约需要 200 万字节(约为 2MB)存储。

【实例 5】已知某汉字的区位码是 1453H,则其机内码是_____。

　　　　A．B4F3H　　　B．3474H　　　C．2080H　　　D．A3B3H

【答案】A

【解析】在 GB2312 信息码表中,任何一个字符的位置由所在的行和列确定,行号和列

号就组成了某个字符的区位码。为了不与通信使用的控制码发生冲突，就在每个汉字的区号和位号上分别加上 32（20H），这样得到的编码称为国标码，即区位码＋20H20H＝国标码。机内码是在计算机内部对汉字进行存储、处理和传输的编码。为了与标准 ASCII 码加以区分，采取把一个汉字的两个字节的最高位都置为 1，即在汉字国标码的两个字节分别加上 80H，这样得到的编码称为 GB2312 汉字的机内码。3 种编码的转换公式如下：

$$区位码＋20H20H＝国标码$$
$$国标码＋80H80H＝机内码$$

【实例 6】下列字符编码标准中，不属于我国发布的汉字编码标准的是_____。

    A．GB 2312　　　　　　　　　B．GBK
    C．UCS（Unicode）　　　　　D．GB 18030

【答案】C

【解析】UCS（Unicode）是由 ISO 制定的，能够实现所有字符在同一字符集中统一编码。

【实例 7】在下列汉字编码标准中，不支持繁体汉字的是_____。

    A．GB 2312　　B．GBK　　　C．BIG5　　　D．GB 18030

【答案】A

【解析】GB 2312 标准选出 6763 个常用汉字和 682 个非汉字字符进行编码，不支持繁体汉字。GBK 是我国 1995 年发布的又一个汉字编码标准，它一共有 21003 个汉字和 883 个图形符号，收录了繁体字和很多生僻的汉字。台湾地区的标准汉字字符集 BIG5 仅支持繁体字。GB 18030 编码既与 UCS/Unicode 兼容，又与 GB 2312 和 GBK 兼容，也支持繁体汉字。

知识点 2　文本准备

【实例 8】汉字输入编码方法大体分为 4 类：数字编码、字音编码、字形编码、形音编码。五笔字型法属于字形编码类。

【答案】是

【解析】汉字输入编码方法大体分为 4 类：数字编码（如电报码、区位码）、字音编码（如智能 ABC、紫光拼音）、字形编码（如五笔字型法）、形音编码。

【实例 9】字符信息的输入有两种方法，即人工输入和自动识别输入。人们使用扫描仪输入印刷体汉字，并通过软件转换为机内码形式的输入方法属于其中的_____输入。

【答案】自动识别

【解析】字符信息的输入有两种方法，即人工输入和自动识别输入。人工输入即通过键盘、手写笔或语音输入方式输入字符。自动识别输入是指将纸介质上的文本通过识别技术自动转换为文字的编码。

知识点 3　文本分类

【实例 10】下列关于简单文本与丰富格式文本的叙述中，错误的是_____。

    A．简单文本由一连串用于表达正文内容的字符的编码组成，它几乎不包含格式信息和结构信息
    B．简单文本进行排版处理后以整齐、美观的形式展现给用户，就形成了丰富格式文本
    C．Windows 操作系统中的"帮助"文件（.hlp 文件）是一种丰富格式文本
    D．使用微软公司的 Word 软件只能生成 DOC 文件，不能生成 TXT 文件

【答案】B

【解析】简单文本由一连串用于表达正文内容的字符（包括汉字）的编码所组成，它几乎不包含任何其他格式信息和结构信息，它没有字体、字号的变化，不能插入图片、表格，也不能插入超链接。

【实例11】下列有关超文本的叙述中，错误的是＿＿＿＿＿＿＿。

　　A．超文本采用网状结构来组织信息，文本中的各个部分按照其内容的逻辑关系互相链接

　　B．WWW 网页就是典型的超文本结构

　　C．超文本结构的文档的文件类型一定是 html 或 htm

　　D．微软的 Word 和 PowerPoint 软件也能制作超文本文档

【答案】C

【解析】超文本概念是对传统文本的一个扩展。除了传统的顺序阅读方式之外，它可以通过链接、跳转、导航、回溯等操作，实现对文本内容更方便的访问。使用"写字板"程序和 Word、FrontPage 等软件都可以制作、编辑和浏览超文本。

【实例12】超文本中的超链接，其链宿所在位置有两种：一种与链源不在同一个文本（件）之中；另一种在链源所在文本（件）内部有标记的某个地方，该标记通常称为＿＿＿＿＿＿＿。

【答案】书签

【解析】超文本概念是对传统文本的一个扩展，除了传统的阅读方式之外，它还可以通过链接、跳转、导航、回溯等操作，实现对文本内容更为方便的访问。超链接是有向的，起点位置称为链源，目的地称为链宿。链宿所在位置有两种：一种与链源不在同一个文本（件）之中；另一种在链源所在文本（件）内部有标记的某个地方，该标记通常称为书签。

知识点4　文本编辑和排版

【实例13】使用计算机进行文本编辑与文本处理是常见的两种操作，下列属于文本处理操作的是＿＿＿＿＿＿＿。

　　A．设置页面版式　　　　　B．设置文章标题首行居中

　　C．设置文本字体格式　　　D．文语转换

【答案】D

【解析】文本编辑的主要功能有对字、词、句、段落进行添加、删除、修改等操作；字的处理，包括设置字体、字号、字的排列方向、检举、颜色、效果等；段落的处理，包括设置行距、段间距、段缩进、对称方式等；表格制作和绘图；定义超链接和页面布局（排版）；设置页边距、每页行列数、分栏、页眉、页脚、插图位置等。而文本处理强调的是使用计算机对文本中所含文字信息的形、音、义等进行分析和处理，一般在字、词（短语）、句、篇、章等不同的层面上进行。文语转换又称语音合成，是对句子级别上的文本处理。

【实例14】文本展现的大致过程是首先对文本格式描述进行解释，然后生成字符和图、表的映象，最后传送到显示器或打印机输出。

【答案】是

【解析】数字电子文本有两种使用方式：打印输出和在屏幕上进行阅读、浏览。由于存放在计算机存储器中的文本是不可见的，因此，不论哪种使用方式，都包含了文本的展现过程。文本展现的大致过程：首先要对文本的格式描述进行解释，然后生成文字和图表的映像，

最后传送到显示器或打印机输出。

【实例15】某图书馆需要将图书馆藏书数字化，构建数字图书资料系统，在键盘输入、联机手写输入、语音识别输入和输入方法中，最有可能被采用的是_____输入。

【答案】印刷体识别

【解析】印刷体识别是将印刷或打印在纸上的中西文字通过扫描仪，将其图像扫描输入计算机，并经过识别转换为编码表示的一种技术。图书馆藏书数字化最有可能被采用的应是印刷体识别输入。

【实例16】中文 Word 是一个功能丰富的文字处理软件，下列叙述中错误的是_____。

    A. 在文本编辑过程中，它能做到"所见即所得"

    B. 在文本编辑过程中，操作发生错误后不能"回退"

    C. 它可以编辑制作超文本

    D. 它不但能进行编辑操作，而且能自动生成文本的"摘要"

【答案】B

【解析】中文 Word 在文本编辑过程中，操作发生错误后可单击"撤销"按钮回退。

【实例17】为了便于丰富格式文本在不同的软件和系统中互换使用，一些公司联合提出了一种公用的中间格式，称为 RTF 格式。

【答案】是

【解析】RTF 格式是一些公司提出的一种公用中间格式，为了便于丰富格式文本在不同软件和系统中互换使用。

【实例18】下列关于文本检索的叙述，错误的是_____。

    A. 文本检索系统返回给用户的查询结果都是用户所希望的结果

    B. 全文检索允许用户对文本中所包含的字串或词进行查询

    C. 用于 Web 信息检索的搜索引擎大多采用全文检索

    D. 检索信息时用户首先要给出查询要求，然后由文本检索系统将查询结果返回给用户

【答案】A

【解析】一般来说，由于标记过程存在误差加上用户对查询要求的表达不一定确切，文本检索的结果通常是不精确的，不可能达到 100%的查准率。

知识点5　数字图像获取和表示

【实例19】对图像进行处理的目的不包括_____。

    A. 图像分析　　　　　　　　　　B. 图像复原和重建

    C. 提高图像的视感质量　　　　　D. 获取原始图像

【答案】D

【解析】对图像进行处理的主要目的：提高图像的视感质量；图像复原与重建；图像分析；图像数据的变换、编码和数据压缩；图像的存储、管理和检索；图像内容与知识产权的保护。

【实例20】以下指标中，_____反映了扫描仪表现图像真实性的能力。

    A. 分辨率　　　　　　　　　　　B. 文件格式

    C. 扫描幅面　　　　　　　　　　D. 与主机的接口

【答案】A

【解析】分辨率反映了扫描仪扫描图像的清晰程度。

【实例 21】CRT 彩色显示器采用的颜色模型为＿＿＿＿＿＿＿。
    A．HSB   B．RGB   C．YUV   D．CMYK

【答案】B

【解析】彩色显示器的每一个像素由红、绿、蓝三原色组成，通过对三原色亮度的控制能够合成各种不同的颜色。

【实例 22】下列关于计算机中图像表示方法的叙述中，错误的是＿＿＿＿＿＿＿。
    A．图像大小又称图像的分辨率
    B．彩色图像具有多个位平面
    C．图像的颜色描述方法（颜色模型）可以有多种
    D．图像像素深度决定了一幅图像所包含的像素的最大数目

【答案】D

【解析】像素深度就是像素的所有颜色分量的二进位数之和，它决定了不同颜色（亮度）的最大数目。

【实例 23】下列设备中，都属于图像输入设备的是＿＿＿＿＿＿＿。
    A．数码照相机、扫描仪   B．绘图仪、扫描仪
    C．数字摄像机、投影仪   D．数码照相机、显卡

【答案】A

【解析】绘图仪、投影仪、显卡都属于输出设备。

【实例 24】一台能拍摄分辨率为 2016×1512 照片的数码照相机，像素数目大约为＿＿＿＿＿＿＿。
    A．250 万   B．100 万   C．160 万   D．320 万

【答案】D

【解析】2016×1512≈300 万。

【实例 25】若一台显示器中 R、G、B 分别用 3 位二进制数来表示，那么它可以显示＿＿＿＿＿＿＿种不同的颜色。

【答案】512

【解析】像素深度为所有颜色分类的二进位之和，它决定了不同颜色的最大数目，最大颜色数目为 $2^{3+3+3}=512$。

【实例 26】数据压缩可分成无损压缩和有损压缩两种。其中，＿＿＿＿＿＿＿是指使用压缩后的图像数据进行还原时，重建的图像和原始图像虽有一定差距，但不影响人们对图像含义的正确理解。

【答案】有损压缩

【解析】数据压缩可以分为两种类型：一种是无损压缩，另一种是有损压缩。无损压缩是指压缩以后的数据进行图像还原时，重建的图像与原始图像完全相同。有损压缩是指使用压缩后的图像数据进行还原时，重建的图像和原始图像虽有一定差距，但不影响人们对图像含义的正确理解。

知识点 6　数字图像文件格式

【实例 27】计算机中使用的图像文件格式有多种。下列关于常用图像文件的叙述中，错误的是_____。

  A．JPG 图像文件比 GIF 更适合在网页中使用

  B．BMP 图像文件在 Windows 环境下得到几乎所有图像应用软件的广泛支持

  C．TIF 图像文件在扫描仪和桌面印刷系统中得到广泛应用

  D．GIF 图像文件能支持动画，并支持图像的渐进显示

【答案】A

【解析】GIF 是目前 Internet 上广泛使用的一种图像文件格式，它颜色数目较少（不超过 256 种颜色），文件特别小，适合 Internet 传输。

【实例 28】大量用于扫描仪和桌面出版的图像文件格式是_____。

  A．BMP   B．TIF   C．GIF   D．JPEG

【答案】B

【解析】TIF 图像文件格式大量用于扫描仪和桌面出版，能支持多种压缩方法和多种不同类型的图像，有许多应用软件支持这种文件格式。

【实例 29】在下列 4 种图像文件格式中，目前数码照相机所采用的文件格式是_____。

  A．GIF   B．BMP   C．JPEG   D．TIF

【答案】C

【解析】GIF 格式文件常用于 Internet，BMP 格式文件用于 Windows 应用程序，TIF 格式文件常用于桌面出版和扫描仪，JPEG 格式文件常用于数码照相机等。

【实例 30】对图像进行处理的目的不包括_____。

  A．图像分析   B．图像复原和重建

  C．提高图像的视感质量   D．获取原始图像

【答案】D

【解析】对图像进行处理的目的主要有提高图像的视觉质量，图像复原与重建，图像分析，图像数据的交换、编码和数据压缩，图像的存储、管理、检索，以及图像内容与知识产权的保护等。

【实例 31】_____图像文件格式是微软公司提出的在 Windows 平台上使用的一种通用图像文件格式，几乎所有的 Windows 应用软件都能支持。

  A．GIF   B．BMP   C．JPG   D．TIF

【答案】B

【解析】BMP 是微软公司在 Windows 操作系统下使用的一种标准图像文件格式，每个文件存放一幅图像，几乎所有的 Windows 应用软件都能支持。

知识点 7　计算机图形概念

【实例 32】下列关于计算机合成图像（计算机图形）的应用中，错误的是_____。

  A．可以用来设计电路图

  B．可以用来生成天气图

  C．只能生成实际存在的具体景物的图像，不能生产虚拟景物的图像

  D．可以制作计算机动画

【答案】C

【解析】与从实际景物获取其数字图像的方法不同，人们也可以使用计算机描述景物的结构、形状与外貌，然后在需要显示它们的图像时再根据其描述和用户观察位置及光线的设定，生成该图像。景物在计算机内的描述为该景物的模型，根据景物的模型生成其图像的过程称为图像合成。

【实例 33】下列说法中错误的是_____。

    A. 计算机图形学主要研究使用计算机描述景物并生成其图像的原理、方法和技术

    B. 用于计算机中描述景物形状的方法有多种

    C. 树木、花草、烟火等景物的形状也可以在计算机中进行描述

    D. 利用扫描仪输入计算机的机械零件图是矢量图形

【答案】D

【解析】根据景物的模型生成其图像的过程称为绘制，又称图像合成，所产生的数字图像称为计算机合成图像，又称矢量图形。利用扫描仪输入计算机的零件图称为取样图像，不是矢量图形。

【实例 34】在计算机信息系统中，CAD 是_____的简称。

    A. 计算机辅助设计　　　　　　B. 计算机辅助制造

    C. 计算机辅助教学　　　　　　D. 计算机辅助规划

【答案】A

【解析】CAD 的全称为计算机辅助设计，是一种专业的矢量绘图软件，是计算机合成图像的一个主要的应用领域。

【实例 35】计算机辅助设计和计算机辅助制造的英文缩略语分别是 CAD 和_____。

【答案】CAM

【解析】计算机辅助设计（CAD）和计算机辅助制造（CAM）都是计算机合成图像的应用领域。

2. 真题训练

（1）是非题

1）TIF 文件格式是一种在扫描仪和桌面出版领域中广泛使用的图像文件格式。

2）机械零件图利用扫描仪直接输入计算机，形成的是矢量图形。

3）景物在计算机内的描述为该景物的模型，人们进行景物描述的过程称为景物的建模。

4）医院中通过 CT 诊断疾病属于数字图像处理的重要应用之一。

5）使用计算机生成假想景物的图像，其主要的两个步骤是建模和绘制。

6）计算机辅助绘制地图是数字图像处理的典型应用之一。

7）GIF 图像文件格式能够支持透明背景和动画，文件比较小，因此在网页中广泛使用。

8）军事目标的侦查、制导和警戒属于计算机图形学的应用。

9）Linux 和 Word 都是文字处理软件。

10）声音信号的量化精度一般为 8 位、12 位或 16 位，量化精度越高，声音的保真度越好，但噪声也越大；量化精度越低，声音的保真度越差，噪声也越低。

11）不同软件制作的丰富格式文本，其扩展名各不相同，它们通常是兼容的。

（2）选择题

12）以下文件扩展名不属于丰富格式文本的是_____。

    A．.doc   B．.html   C．.hip   D．.txt

13）以下输入字符的方法中，不属于非击键方式的汉字输入方法是_____。

    A．触摸屏   B．书写笔

    C．话筒口述   D．微软拼音输入

14）简单文本又称纯文本，在 Windows 操作系统中其扩展名为_____。

    A．.txt   B．.doc   C．.rtf   D．.html

15）下列关于字符编码的说法中，错误的是_____。

    A．GB 2312 的所有字符在计算机中采用 2B 来表示，每个字节的最高位均规定为 1

    B．GB 2312 支持繁体字

    C．GBK 在计算机中使用双字节表示，和 GB 2312 向下兼容

    D．GB 2312 和 GBK 这两种编码标准主要在我国大陆使用

16）下列关于简单文本与丰富格式文本的叙述中，错误的是_____。

    A．简单文本的文件体积小，通用性好，几乎所有的文字处理软件都能识别和处理

    B．手机短消息使用的是简单文本

    C．Windows 操作系统中的"帮助"文件（.hlp 文件）是一种丰富格式文本

    D．使用微软公司的 Word 软件只能生成 DOC 文件，不能生成 TXT 文件

17）下列有关我国汉字编码标准的叙述中，错误的是_____。

    A．GB 18030 汉字编码标准与 GBK、GB 2312 标准保持向下兼容

    B．GB 18030 汉字编码标准收录了包括繁体字在内的大量汉字

    C．GB 18030 汉字编码标准中收录的汉字在 GB 2312 标准中一定能找到

    D．GB 2312 所有汉字的机内码都用两个字节来表示

18）HTML 文件_____。

    A．是一种简单文本文件

    B．既不是简单文本文件，也不是丰富格式文本文件

    C．是一种丰富格式文本文件

    D．不是文本文件，所以不能被记事本打开

19）我国颁布的第一个汉字编码国家标准是_____。

    A．汉字内码扩展规范（GBK）

    B．汉字编码国家标准 GB 18030

    C．《信息交换用汉字编码字符集·基本集》（GB 2312—1980）

    D．通用多八位编码字符集（UCS）

20）常用的文字处理软件都具有丰富的文本编辑与排版功能，下列不属于文字处理软件的是_____。

    A．金山 WPS   B．Microsoft Word

    C．Apple QuickTime   D．Adobe Acrobat

21）在 Word 文档"doc1"中，把文字"图表"设为超链接，指向一个名为"Table1"

的 Excel 文件，则链源为_____。

  A．文字"图表"　　　　　　　　　B．文件"Table1.xls"

  C．Word 文档"doc1.doc"　　　　　D．Word 文档的当前页

22）以下不属于文字处理软件功能的是_____。

  A．字数统计　　　　　　　　　　B．查找与替换

  C．表格的制作　　　　　　　　　D．语法检查

23）图像大小又称图像分辨率，若图像大小为 400×300，则它在 800×600 分辨率上以 100%的比例显示时，只占屏幕的_____。

  A．1/2　　　　　B．1/4　　　　　C．1/8　　　　　D．1/16

24）图像编辑软件使用的是_____模型。

  A．RGB　　　　　B．CMYK　　　　　C．HSB　　　　　D．YUV

25）下列有关超文本的叙述中，正确的是_____。

  A．超文本节点中的数据不仅可以是文字，也可以是图形、图像和声音

  B．超文本节点之间的关系是线性的、有顺序的

  C．超文本的节点不能分布在不同的 Web 服务器中

  D．超文本既可以是丰富格式文本，也可以是纯文本

26）数码照相机中将光信号转换为电信号的芯片是_____。

  A．Memory stick　　　　　　　　B．DSP

  C．CCD 或 CMOS　　　　　　　　D．A/D

27）像素深度为 6 位的单色图像中，不同亮度的最大数目为_____。

  A．64　　　　　B．256　　　　　C．4096　　　　　D．128

28）图像的数据压缩方法很多，_____不是评价压缩编码方法优劣的主要指标。

  A．压缩比的大小　　　　　　　　B．图像分辨率的大小

  C．重建图像的质量　　　　　　　D．压缩算法的复杂程度

29）下列有关我国汉字编码标准的叙述中，错误的是_____。

  A．GBK 字符集包括简体汉字和繁体汉字

  B．GB 2312 国标字符集所包含的汉字许多情况下已不够使用

  C．GB 2312 汉字编码标准与中国台湾地区使用的 BIG5 汉字编码标准并不兼容

  D．无论采用哪一种汉字编码标准，汉字在计算机系统内均采用双字节表示

30）数字图像的获取步骤大体分为 4 步，以下顺序正确的是_____。

  A．扫描　分色　量化　取样　　　B．分色　扫描　量化　取样

  C．扫描　分色　取样　量化　　　D．量化　取样　扫描　分色

31）数码照相机的 CCD 像素越多，所得到的数字图像的清晰度就越高，如果想拍摄 1600×1200 的相片，那么数码照相机的像素数目至少应该有_____。

  A．400 万　　　　B．300 万　　　　C．200 万　　　　D．100 万

32）ISO 和 IEC 两个国际机构联合组成了一个专家组，负责制定了一个静止图像数据压缩编码的国际标准，称为_____。

  A．JPEG 标准　　　　　　　　　　B．MPEG-1

  C．MPEG-2　　　　　　　　　　　D．MPEG-3

33）下列关于图像获取设备的叙述中，错误的是_____。

    A. 大多数图像获取设备的原理基本类似，都是通过光敏器件将光的强弱转换为电流的强弱，然后通过取样、量化等步骤，进而得到数字图像

    B. 有些扫描仪和数码照相机可以通过参数设置，得到彩色图像或黑白图像

    C. 目前数码照相机使用的成像芯片主要有 CMOS 芯片和 CCD 芯片

    D. 数码照相机是图像输入设备，而扫描仪则是图形输入设备，两者的成像原理是不相同的

34）黑白图像的像素有_____个亮度分量。

    A. 1   B. 2   C. 3   D. 4

35）显示器分辨率是衡量显示器性能的一个重要指标，它是指整屏可显示多少_____。

    A. 颜色   B. ASCII 字符

    C. 中文字符   D. 像素

36）把图像（或声音）数据中超过人眼（耳）辨认能力的细节去掉的数据压缩方法属于_____。

    A. 无损压缩   B. 有损压缩

    C. LZW 压缩   D. RLE 压缩

37）下列不属于计算机辅助技术系统的是_____。

    A. CAD   B. CAM   C. CAPP   D. OA

（3）填空题

38）使用计算机制作的数字文本结构，可以分为线性结构与非线性结构，简单文本呈现为一种_____结构，写作和阅读均按顺序进行。

39）通常以 1 个字节来存放一个 ASCII 字符，其中实际只用_____位来对字符编码。

40）一幅图像若其像素深度是 8 位，则它能表示的不同颜色的数目为_____。

41）彩色显示器的彩色是由 3 种原色 R、G、B 合成得到的，如果 R、G、B 分别用 4 个二进位表示，则显示器可以显示_____种不同的颜色。

42）与大写字母"A"的 ASCII 码等值的十进制数是 65，若等值的十进制数为 68，则它对应的字母是_____。

43）彩色显示器每一个像素的颜色由三原色红、绿和_____合成得到，通过对三原色亮度的控制能显示出各种不同的颜色。

44）目前计算机中广泛使用的西文字符编码是美国标准信息交换码，其英文缩写为_____。

45）一幅分辨率为 400×300 的彩色图像，其 R、G、B 这 3 个分量分别用 8 个二进位表示，则未进行压缩时该图像的数据量是_____KB（1KB＝1024B）。

46）图像数据压缩的一个主要指标是_____，它用来衡量压缩前、后数据量减少的程度。

47）GIF 格式能够支持透明背景，具有在屏幕上渐进显示的功能。尤为突出的是，它可以将多张图像保存在同一个文件中，显示时按预先规定的时间间隔逐一进行显示，形成_____效果，因而在网页制作中大量使用。

48）为了区别于通常的取样图像，计算机合成图像又称_____。

49）一幅宽高比为 16 : 10 的数字图像，假设它的水平分辨率是 1280，能表示 65536 种不同颜色，没有经过数据压缩时，其文件大小大约为＿＿＿＿＿KB（1K＝1024）。

50）在 Photoshop、Word、WPS 和 PDF Writer 这 4 个软件中，不属于文字处理软件的是＿＿＿＿＿。

3. 真题解析

（1）是非题

1）【答案】是

【解析】TIF 图像文件格式大量用于扫描仪和桌面出版，能支持多压缩方法和多种不同类型的图像。

2）【答案】非

【解析】利用扫描仪输入的机械零件图是取样图像，不是矢量图形。

3）【答案】是

【解析】使用计算机描述景物的结构、形状与外貌，然后根据其描述和用户的观察位置及光线的设定，生成该景物的图像。景物在计算机内的描述称为该景物的模型，人们进行景物描述的过程称为景物的建模。

4）【答案】是

【解析】数字图像处理的重要应用是用于医院诊断病情。例如，通过 X 射线、超声、计算机断层摄影（CT）、核磁共振等进行成像，结合图像处理与分析技术，进行疾病的分析与诊断。

5）【答案】是

【解析】人们进行景物描述的过程称为景物的建模，根据景物的模型生成其图像的过程称为绘制。

6）【答案】是

【解析】计算机辅助绘制地图是计算机合成图像的典型应用。

7）【答案】是

【解析】GIF 是 Internet 上广泛使用的一种图像文件格式，它的颜色数目较少（不超过 256 种颜色），文件特别小，适合网络传输。GIF 格式能够支持透明背景，它可以将许多张图片保存在同一个文件夹中，显示时按预先规定的时间间隔逐一进行显示，从而形成动画效果，因而在网页制作中大量使用。

8）【答案】非

【解析】军事目标的侦查、制导和警戒属于数字图像在军事方面的应用。

9）【答案】非

【解析】Linux 是操作系统，Word 是文字处理软件。

10）【答案】非

【解析】声音信号的量化精度一般为 8 位、12 位或 16 位，量化精度越高，声音的保真度越好；量化精度越低，声音的保真度越差。

11）【答案】非

【解析】不同软件制作的丰富格式文本通常是不兼容的，如.pdf 和.doc。

（2）选择题

12）【答案】D

【解析】.txt 是简单文本的扩展名，没有字体、字号和版面格式的变化，文本在页面上逐行排列，也不含表格和图片。

13）【答案】D

【解析】微软拼音输入属于键盘输入。

14）【答案】A

【解析】简单文本的特点是没有字体、字号和版面格式的变化，文本在页面上逐行排列，也不含图片和表格，文件扩展名为.txt。

15）【答案】B

【解析】GB 2312 只有 6763 个汉字，而且均为简体字。

16）【答案】D

【解析】使用 Word 软件生成的 DOC 文件，在保存的时候选择"文件类型"为"纯文本"即可生成 TXT 文件。

17）【答案】C

【解析】GB 18030—2005 编码的特点：既与 UCS/Unicode 兼容，又和 GB 2312 和 GBK 兼容；近 3 万个汉字（包括 GBK 汉字和 CJK 及其扩充中的汉字）；部分双字节、部分 4 字节表示，双字节表示方案与 GBK 相同。GB 2312 标准只选出 6763 个常用汉字和 682 个非汉字字符。因此，GB 18030 汉字编码标准中收录的汉字在 GB 2312 标准中不一定都能找到。

18）【答案】C

【解析】HTML 文件有字体、字号、颜色等变化，文本在页面上可以自由定位和布局，还可以插入图片和表格，是一种丰富格式文本文件。

19）【答案】C

【解析】1980 年我国颁布了《信息交换用汉字编码字符集·基本集》（GB 2312—1980），简称国际码，又称汉字交换码，是我国颁布的第一个汉字编码国家标准。

20）【答案】C

【解析】金山 WPS 和 Microsoft Word 是面向办公的文本处理软件，Adobe Acrobat 是面向电子出版的文本处理软件，Apple QuickTime 苹果播放器是一种媒体播放软件，不属于文字处理软件。

21）【答案】A

【解析】超链接的起点位置称为链源，目的地称为链宿。Word 文档"doc1"中把文字"图表"设为超链接，指向一个名为"Table1"的 Excel 文件，因此文字"图表"是链源，文件"Table1.xls"是链宿。

22）【答案】C

【解析】表格的制作属于文字编辑和排版功能，不属于文字处理功能。

23）【答案】B

【解析】$400 \times 300 / (800 \times 600) = 1/4$。

24）【答案】C

【解析】通常，显示器使用的是 RGB 模型，彩色打印机使用的是 CMYK 模型，图像编辑软件使用的是 HSB 模型，彩色电视信号使用的是 YUV 模型。

25)【答案】A

【解析】超文本是一种丰富格式文本，除了传统的顺序阅读方式之外，它还可以通过链接、跳转、导航、回溯等操作，实现对文本内容更为方便的访问。可以在超文本中插入图片、表格。

26)【答案】C

【解析】CCD 或 CMOS 是数码照相机的主机部件，作用与传统照相机的胶片类似。

27)【答案】A

【解析】像素深度是指像素的所有颜色分量的二进位数之和，它决定了不同颜色（亮度）的最大数目，$2^6=64$。

28)【答案】B

【解析】评价一种压缩编码方法的优劣主要看 3 个方面：压缩倍数（压缩比）的大小、重建图像的质量及压缩算法的复杂程度。

29)【答案】D

【解析】GB 18030 采用不等长编码方式进行编码。

30)【答案】C

【解析】数字图像的获取步骤大体分为扫描、分色、取样、量化 4 个步骤。

31)【答案】C

【解析】$1600×1200=1920000$，约为 200 万像素。

32)【答案】A

【解析】静止图像数据压缩编码的国际标准称为 JPEG 标准，JPEG 标准特别适合处理各种连续色调的彩色或灰度图像。

33)【答案】D

【解析】数码照相机和扫描仪都是图像输入设备。

34)【答案】A

【解析】彩色图像的像素是矢量，它通常由 3 个彩色分量组成，黑白图像的像素只有 1 个亮度分量。

35)【答案】D

【解析】显示器分辨率是衡量显示器性能的一个重要指标，它是指整屏可显示的像素多少，一般用"水平分辨×垂直分辨"来表示。

36)【答案】B

【解析】数据压缩可分为无损压缩和有损压缩两种。无损压缩是指解压后与原始图像没有误差。有损压缩解压后虽有一定误差但不影响人们对图像含义的正确理解，因为即使压缩前后的图像失真，只要限制在人眼无法察觉的误差范围内也是允许的。

37)【答案】D

【解析】CAD 是计算机辅助设计，CAM 是计算机辅助制造，CAPP 是计算机辅助工艺规划，OA 是办公自动化。

（3）填空题

38)【答案】线性

【解析】简单文本呈现为一种线性结构，写作和阅读均按顺序进行。

39）【答案】7

【解析】一般以一个字节来存放一个标准 ASCII 字符，每个字节中多余出来的一位（最高位），在计算机内部通常保持为"0"，用余下的 7 位对字符编码。

40）【答案】256

【解析】像素深度即像素的所有颜色分量的二进制之和，它决定了不同颜色（亮度）的最大数目。若其像素深度是 8 位，则不同亮度的数目为 $2^8=256$。

41）【答案】4096

【解析】由 3 种原色 R、G、B 合成的彩色图像，如果 R、G、B 分别用 4 个二进位表示，则该图像的像素深度为 4＋4＋4＝12，最大颜色数目为 $2^{12}=4096$。

42）【答案】D

【解析】将两个字母 ASCII 码相减，即 68－65＝3，则 ASCII 码为 65 时对应的字母为 A，加上 3 就为 D。

43）【答案】蓝

【解析】常用的颜色模型有 RGB（红绿蓝）模型、CMYK（青、品红、黄、黑）模型、HSV（色彩、饱和度、亮度）模型、YUV（亮度、色度）模型等。

44）【答案】ASCII

【解析】目前，国际上使用最多、最普遍的字符编码是 ASCⅡ字符编码。ASCⅡ码的全称是"American Standard Code for Information Interchange"，译为"美国信息交换标准代码"。

45）【答案】352

【解析】一幅图像的数据量可按下面的公式进行计算（以字节为单位）：图像数据量＝图像水平分辨率×图像垂直分辨率×像素深度/8＝400×300×（8＋8＋8）/8＝360000（B）＝352（KB）。

46）【答案】压缩比

【解析】评价一种压缩编码方法的优劣主要看 3 个方面：压缩比、重建图像的质量及压缩算法的复杂程度。其中压缩比用来衡量压缩前、后数据量减少的程度。

47）【答案】动画

【解析】GIF 格式可以将多张图像保存在同一个文件中，显示时按照预先规定的时间间隔逐渐进行显示，形成动画效果。

48）【答案】矢量图形

【解析】计算机合成图像又称矢量图形，制作矢量图形的软件称为矢量绘图软件。

49）【答案】2000

【解析】由图像的宽高比和水平分辨率可求出垂直分辨率＝1280×10/16＝800。根据图像数据量＝图像水平分辨率×图像垂直分辨率×像素深度/8＝1280×800×16/8＝2048000（B）≈2000（KB）。

50）【答案】Photoshop

【解析】Photoshop 是图像处理软件。

项目 10　音视频技术基础

1．考点解析

知识点 1　数字声音获取

【实例 1】数字声音是一种在时间上连续的媒体，数据量虽大，但对存储和传输的要求并不高。

【答案】非

【解析】数字声音的数据量大，对存储和传输的要求比较高。

【实例 2】以下与数字声音相关的说法中，错误的是_____。
  A．为减少失真，数字声音获取时，采样频率应低于模拟声音信号最高频率的两倍
  B．声音的重建是声音信号数字化的逆过程，它分为译码、数模转换和插值 3 个步骤
  C．原理上数字信号处理器（DSP）是声卡的一个核心部分，在声音的编码、译码及声音编辑操作中起重要作用
  D．数码录音笔一般仅适合于录制语音

【答案】A

【解析】为了不产生失真，按照取样定理，取样频率不应低于声音信号最高频率的两倍。因此，语音信号的取样频率一般为 8kHz，音乐信号的取样频率应在 40kHz 以上。

【实例 3】声卡是获取数字声音的重要设备，下列有关声卡的叙述中，错误的是_____。
  A．声卡既负责声音的数字化，也负责声音的重建与播放
  B．因为声卡非常复杂，所以只能将其做成独立的 PCI 插卡形式
  C．声卡既处理波形声音，也负责 MIDI 音乐的合成
  D．声卡可以将波形声音和 MIDI 声音混合在一起输出

【答案】B

【解析】声卡可以做成 PCI 插卡形式，也可以集成在主板上，而且现在大多数是集成在主板上。

【实例 4】声卡的主要功能是支持_____。
  A．图形、图像的输入、输出
  B．视频信息的输入、输出
  C．波形声音及 MIDI 音乐的输入、输出
  D．文本及其读音的输入、输出

【答案】C

【解析】声卡既参与声音的获取也负责声音的重建，它控制并完成声音的输入和输出，主要功能包括波形声音的获取与数字化、声音的重建与播放、MIDI 声音的输入和 MIDI 声音的合成与播放。

【实例 5】在数字音频信息获取过程中，正确的顺序是_____。

    A. 模数转换（量化）、采样、编码

    B. 采样、编码、模数转换（量化）

    C. 采样、模数转换（量化）、编码

    D. 采样、模数转换（量化）、编码

【答案】C

【解析】声音信号数字化的过程为采样、量化和编码。

【实例 6】把模拟声音信号转换为数字形式有很多优点，以下叙述中不属于其优点的是_____。

    A. 可进行数据压缩，有利于存储和传输

    B. 可以与其他媒体相互结合（集成）

    C. 复制时不会产生失真

    D. 可直接进行播放

【答案】D

【解析】模拟信号可以直接进行播放，将模拟信号数字化是为了能够使用计算机进行处理。

知识点 2　数字声音压缩

【实例 7】MPEG-1 声音压缩编码是一种高保真声音数据压缩的国际标准。它分为 3 个层次，层 1 的编码效果最佳，层 3 最差。

【答案】非

【解析】MPEG-1 声音分为 3 个层次：层 1 的编码较简单，主要用于数字盒式录音磁带；层 2 的算法复杂度中等，其应用包括数字音频广播和 VCD 等；层 3 的编码较复杂，主要应用于 Internet 上高质量声音的传输。

【实例 8】MP3 音乐的码率约为未压缩时码率的 1/10，因而便于存储和传输。

【答案】是

【解析】MP3 音乐就是一种采用 MPEG-1 层 3 编码的高质量数字音乐，压缩比为 8：1～12：1。

【实例 9】其他条件相同时，使用下列不同参数所采集得到的全频带波形声音质量最好的多半是_____。

    A. 单声道、8 位量化、22.05 kHz 采样频率

    B. 双声道、8 位量化、44.1 kHz 采样频率

    C. 单声道、16 位量化、22.05 kHz 采样频率

    D. 双声道、16 位量化、44.1 kHz 采样频率

【答案】D

【解析】波形声音的主要参数包括取样频率、量化位数、声道数目、使用的压缩编码方法及比特率。比特率又称码率，是指每秒的数据量。数字声音未压缩前，码率的计算公式为码率＝取样频率×量化位数×声道数，即取样频率越高、量化位数越多、声道越多，码率越高，声音质量越好。

【实例 10】MP3 音乐是按 MPEG-1 的第 3 层编码算法进行压缩编码的。

【答案】是

【解析】现在流行的"MP3 音乐"是一种采用 MPGE-1 编码的高质量数字音乐，它能以 10 倍左右的压缩比大幅减少其数据量。

【实例 11】若未进行压缩的波形声音的码率为 64kb/s，已知取样频率为 8kHz，量化位数为 8，那么它的声道数是_____。

    A．1   B．2   C．3   D．4

【答案】A

【解析】码率的计算公式为码率＝取样频率×量化位数×声道数，将数据代入后得到声道数为 1。

【实例 12】音频文件的类型有多种，_____文件类型不属于音频文件。

    A．WMA   B．WAV   C．MP3   D．BMP

【答案】D

【解析】音频文件类型主要有 WAV、FLAC、APE、M4A、MP3、WMA、AC3、AAC 等，而 BMP 是图像文件类型。

知识点 3　声音合成

【实例 13】语音合成就是让计算机模仿人把一段文字朗读出来，即把文字转化为说话声音，这个过程称为文语转换，简称为 TTS。

【答案】是

【解析】语音合成有多方面的应用，如有声查询、文稿校对、语言学习、语音秘书、自动报警、残疾人服务等。

【实例 14】MIDI 是一种计算机合成的音乐，下列关于 MIDI 的叙述，错误的是_____。

    A．同一首乐曲在计算机中既可以用 MIDI 表示，也可以用波形声音表示

    B．MIDI 声音在计算机中存储时，文件的扩展名为.mid

    C．MIDI 文件可以用媒体播放器软件进行播放

    D．MIDI 是一种全频带声音压缩编码的国际标准

【答案】D

【解析】MIDI 是 music instrument digital interface 的缩写，MIDI 文件在计算机中的文件扩展名为.mid，它是计算机合成音乐的交换标准，也是商业音乐作品发行的标准。MPEG-1 是全频带声音压缩编码的国际标准。

【实例 15】下列关于 MIDI 声音的叙述中，错误的是_____。

    A．MIDI 声音的特点是数据量很少，且易于编辑修改

    B．MID 文件和 WAV 文件都是计算机的音频文件

    C．MIDI 声音既可以是乐曲，也可以是歌曲

    D．类型为 MID 的文件可以由 Windows 的媒体播放器软件进行播放

【答案】C

【解析】MIDI 文件是一种描述性的"音乐语言"，它将所要演奏的乐曲信息用字节进行描述，文件的扩展名为.mid。

【实例 16】下列关于计算机合成声音的说法，错误的是_____。

    A．计算机合成语音就是让计算机模仿人把一段文字朗读出来

    B．计算机合成音乐是指计算机自动演奏乐曲

    C. MIDI 音乐和高保真的波形声音在音质方面相同

    D. 乐谱在计算机中使用 MIDI 音乐描述语言来表示

【答案】C

【解析】MIDI 音乐与高保真的波形声音相比，在音质方面有一些差距，也无法合成所有不同的声音。

【实例 17】MP3 与 MIDI 均是常用的数字声音，用它们表示同一首钢琴乐曲时，前者的数据量比后者_____得多。

【答案】大

【解析】MP3 文件每存 1 分钟的音乐需要 1～2 MB，而 MIDI 文件每存 1 分钟的音乐只用 5～10KB。

【实例 18】计算机合成声音有计算机合成语言（语音）和_____两类。

【答案】计算机合成音乐

【解析】与计算机合成图像一样，计算机也能合成声音。计算机合成声音有两类，即计算机合成语言（语音）和计算机合成音乐。

知识点 4　数字视频获取

【实例 19】下列设备中不属于数字视频获取设备的是_____。

    A. 视频卡　　　　　　　　　　B. 图形卡

    C. 数字摄像头　　　　　　　　D. 数字摄像机

【答案】B

【解析】数字摄像头、数字摄像机可以直接获取数字视频。视频卡可以将模拟视频转换成数字视频。而图形卡就是计算机中的显卡，不能获取数字视频。

【实例 20】对于需要高速传输大量音频和视频数据的情况，以下所列设备接口首选的是_____。

    A. IDE 接口　　　　　　　　　B. IEEE-1394 接口

    C. SCSI 接口　　　　　　　　　D. PS/2 接口

【答案】B

【解析】IEEE-1394 主要用于连接需要高速传输大量数据的音频和视频设备，其数据传输速度特别快，可高达 50～100Mb/s。与 USB 一样，它也支持即插即用和热插拔。

【实例 21】视频卡能够处理的视频信号可以来自连接在计算机上的_____设备。

    A. 显示器　　　B. VCD　　　C. CD　　　D. 扬声器

【答案】B

【解析】PC 中用于视频信号数字化的插卡称为视频采集卡，简称视频卡。它能将输入的模拟视频信号（及其伴音信号）进行数字化，然后存储在硬盘中。

【实例 22】视频卡可以将输入的模拟视频信号进行数字化，生成数字视频。

【答案】是

【解析】有线电视网络和录放机等输出的都是模拟视频信号，它们必须经过数字化以后，才能由计算机存储、处理和显示。PC 中用于视频信号数字化的插卡称为视频采集卡，简称视频卡，它能将输出的视频处理信号进行数字化，然后存储在硬盘中。

【实例 23】数字摄像头和数字摄像机都是在线的数字视频获取设备。

【答案】非

【解析】数字摄像头是一种可以在线获取数字视频的设备，它通过光学镜头采集图像，然后直接将图像转换成数字信号并输入 PC，而不再需要使用专门的视频采集卡。数字摄像机是一种离线的数字视频获取设备，它的原理与数码照相机类似，但具有更多的功能，所拍摄的视频图像及记录的伴音记录在磁带或硬盘上，需要时再通过 USB 或 IEEE-1394 接口输入计算机处理。

【实例 24】数字摄像头通过光学镜头采集图像，自行将图像转换成数字信号并输入 PC，不再需要使用专门的视频采集卡来进行模数转换。

【答案】是

【解析】数字摄像头是一种可以在线获取数字视频的设备，它通过光学镜头采集图像，然后直接将图像转换成数字信号并输入 PC，而不再需要使用专门的视频采集卡。

知识点 5 数字视频压缩

【实例 25】数字卫星电视和 DVD 数字视盘采用的数字视频压缩编码标准是_____。

    A．MPEG-1   B．MPEG-2   C．MPEG-4   D．MPEG-7

【答案】B

【解析】MPEG-1 应用于 VCD、数码照相机、数字摄像机等。MPEG-2 用途最广，应用于 DVD、数字卫星电视转播、数字有线电视等。MPEG-4 ASP 应用在低分辨率低码率领域，如监控、IPTV、手机、MP4 播放器等；MPEG-4 AVC 已在多种领域应用，如 HDTV、蓝光光盘、IPTV、XBOX、iPod、iphone 等。MPEG-7 应用范围也很广泛，可以在实时或非实时环境下应用，既可以应用于存储（在线或离线），也可以用于流式应用（如广播、将模型加入 Internet 等）。

【实例 26】根据图像显示方式的不同，可视电话分为_____图像可视电话和动态图像可视电话。

【答案】静态

【解析】根据图像显示方式的不同，可视电话分为静态图像可视电话和动态图像可视电话。前者的图像是静止的，图像信号和话音信号交替传送，传送图像时不能通话；后者在传输话音时也传输图像，通话时图像可动态变化。

【实例 27】有线数字电视普及以后，传统的模拟电视机需要外加一个_____才能收看数字电视节目。

【答案】数字机顶盒

【解析】数字电视接收机大体有 3 种形式：第一种是传统模拟电视接收机的换代产品——数字电视接收机；第二种是传统模拟电视机外加一个数字机顶盒；第三种是可以接收数字电视的 PC。

【实例 28】在国际标准化组织制定的有关数字视频及伴音压缩编码标准中，VCD 采用的压缩编码标准为_____。

    A．H.261   B．MPEG-1   C．MPEG-2   D．MPEG-4

【答案】B

【解析】1994 年，JVC、Philips 等公司联合定义了一种在 CD 上存储数字视频和音频信息的规范——Video CD（简称 VCD），该规范规定了将 MPEG-1 音频/视频数据记录在 CD 上的文件系统的标准。

【实例29】在数字视频应用中，英文缩写 VOD 的中文名称是_____。

【答案】视频点播技术

【解析】VOD 是视频点播（又称点播电视）技术的简称，即用户可以根据自己的需要选择电视节目。

【实例30】在移动通信和 IP 电话中，由于信道的带宽较窄，需要采用更有效的语音压缩编码方法。

【答案】是

【解析】在移动通信和 IP 电话中，由于信道的带宽较窄，需要采用更有效的语音压缩编码方法，使语音压缩后的码率控制在 4.8～16kb/s，甚至更小，并能保证较好的语音质量。

2．真题训练

（1）是非题

1）语音的取样频率一般为 8kHz，音乐的取样频率也是 8kHz。

2）DVD 存储容量比 VCD 大得多，压缩比也较高，因此画面品质不如 VCD。

3）每张 CD 唱片的存储容量是 650MB 左右，可存放 1 小时的立体声高保真音乐。

4）有些 DVD-Video 的伴音具有 5.1 声道，从而实现三维环绕立体音响效果。这里，5.1 声道中的".1"是指超重高音。

5）DVD 采用 MPEG-1 标准压缩视频图像，画面品质明显比 VCD 高。

6）声音获取时，影响数字声音码率的因素有 3 个，分别为取样频率、量化位数和声道数。

7）在一台已感染病毒的计算机上读取 CD-ROM 中的数据，该光盘也有可能被感染病毒。

8）一张 CD 上存储的立体声高保真全频带数字音乐约可播放 1 小时，则其数据量大约是 635MB。

9）声音重建的原理是将数字声音转换为模拟声音信号，其工作过程是译码、D/A 转换和插值处理。

10）波形声音的数码率又称为比特率，简称码率，它是指每分的数据量。

11）我国有些城市已开通了数字有线电视服务，但目前大多数新买的电视机还不能直接支持数字电视的接收与播放，需要外接机顶盒。

12）网上的在线音频广播、实时音乐点播等都是采用声音流媒体技术来实现的。

13）声音是一种波，它由许多不同频率的谐波组成，谐波的频率范围称为声音的带宽。

14）CD 唱片上的高保真音乐属于全频带声音。

15）目前，Internet 上视频直播、视频点播等采用的是微软公司的 AVI 文件格式。

16）CD（compact disc）是小型光盘的英文缩写，最早应用于数字音响领域，其代表产品是 VCD。

17）数码照相机的成像技术与传统照相机的成像技术基本相同。

18）PAL 制式的彩色电视系统不能兼容黑白电视接收机。

19）扩展名为.mid 和.wav 的文件都是 PC 中的音频文件。

（2）选择题

20）获取数字声音时，为了保证对频带宽度达 20kHz 的全频道音乐信号采样时不失真，其采样频率应达到_____以上。

    A．40kHz   B．8kHz   C．12kHz   D．16kHz

21）人们的说话声音必须数字化之后才能由计算机存储和处理。假设语音信号数字化时取样频率为 16kHz，量化精度为 16 位，数据压缩比为 2，那么每秒数字语音的数据量是_____。

    A．16KB   B．8KB   C．2KB   D．1KB

22）单面单层 DVD 容量为 4.7GB，它能存放约_____小时的接近于广播级图像质量（720×576）的整部电影。

    A．1   B．2   C．3   D．4

23）下列关于流媒体技术的说法，错误的是_____。

    A．可以通过 Internet 进行在线音视频广播、音视频点播等

    B．用户可以边下载边收听（看）的效果

    C．流行的流媒体技术有 RealMedia

    D．服务器必须做到以低于音视频播放的速度从 Internet 上向用户连续地传输数据

24）下列关于声卡的叙述，错误的是_____。

    A．声卡既可以获取和重建声音，也可以进行 MIDI 音乐的合成

    B．声卡不仅能获取单声道声音，而且能获取双声道声音

    C．声卡的声源可以是话筒输入，也可以是线路输入（从其他设备输入）

    D．将声波信号转换为电信号也是声卡的主要功能之一

25）与计算机能合成图像一样，计算机也能合成（生成）声音。计算机合成的音乐的文件扩展名为_____。

    A．.wav   B．.mid   C．.mp3   D．.wma

26）_____是未经压缩的波形声音。

    A．MP3   B．WAV   C．WMA   D．APE

27）通常所说的全频带声音的频率范围是_____。

    A．20Hz～20kHz   B．300Hz～3400Hz

    C．20MHz～40MHz   D．300kHz～3400kHz

28）虽然不是国际标准，但在数字电视、DVD 和家庭影院中广泛使用的一种多声道全频带数字声音编码系统是_____。

    A．MPEG-1   B．MPEG-2   C．MPEG-3   D．Dolby AC-3

29）以下关于全频带声音的压缩编码技术的说法中，错误的是_____。

    A．MPEG-1 层 1 主要用于数字盒式录音磁带

    B．杜比数字 AC-3 在数字电视、DVD 和家庭影院中广泛使用

    C．MPEG-1 层 3 最复杂，主要用于数字音频广播（DAB）和 VCD 等

    D．MPEG-2 声音压缩编码支持 5.1 和 7.1 声道的环绕立体声

30）以下属于计算机合成语音方面应用的是_____。

    A．可视电视   B．视频会议   C．语音秘书   D．点播电视

31）数字声音获取时，用 16 位二进制编码表示声音与使用 8 位二进制编码表示声音的效果不同，前者比后者_____。

    A．噪声小，保真度低，音质差   B．噪声小，保真度高，音质好

  C．噪声大，保真度高，音质好   D．噪声大，保真度低，音质差

32）下列设备不能向 PC 输入视频信息的是_____。

  A．扫描仪   B．视频采集卡

  C．数字摄像头   D．数字摄像机

33）对带宽为 300～3400Hz 的语音，若采样频率为 8kHz、量化位数为 8 位、单声道，则其未压缩时的码率约为_____。

  A．64kb/s   B．64kB/s   C．128kb/s   D．128kB/s

34）在下列视频压缩编码标准中，适合于交互式和移动多媒体应用的是_____。

  A．MPEG-1   B．H.261   C．MPEG-4   D．MPEG-2

35）视频又称运动图像或活动图像，以下对视频的描述中，错误的是_____。

  A．视频内容随时间而变化

  B．视频具有与画面动作同步的伴随声音

  C．视频信息的处理是多媒体技术的核心

  D．数字视频的编辑处理需借助磁带录放像机进行

36）网上在线视频播放，采用_____可以减轻视频服务器负担。

  A．边下载边播放的流媒体技术

  B．P2P 技术实现多点下载

  C．提高本地网络带宽

  D．优化本地操作系统设置

37）彩色图像所使用的颜色描述方法称为颜色模型。显示器使用的颜色模型为 RGB 模型，PAL 制式的电视系统在传输图像时所使用的颜色模型为_____。

  A．YUV   B．HSV   C．CMYK   D．RGB

（3）填空题

38）数字电视的传输途径是多种多样的，Internet 性能的不断提高已经使其成为数字电视传播的一种新途径，即所谓的_____。

39）MP3 音乐采用的声音数据压缩编码的国际标准是_____中的第 3 层算法。

40）MPEG-1 的声音压缩编码按算法复杂程度分成_____个层次，分别应用于不同场合，MP3 只是其中的一个层次。

41）在 Internet 环境下能做到数字声音（或视频）边下载边播放的媒体分发技术称为_____媒体技术。

42）所谓 5.1 或 7.1 多声道全频带声音编码系统，它提供 5 或 7 个全频带声道和_____个超低音声道，效果十分逼真。

43）一种可写入信息但不允许反复擦写的 CD，称为可记录式光盘，其英文缩写为_____。

44）VCD 是一种大量用于家庭娱乐的影碟，它能存放大约 74 分钟接近于家用电视图像质量的影视节目。为了记录数字音频和视频信息，VCD 采用的压缩编码标准是_____。

45）大多数 DVD 驱动器比 CD-ROM 驱动器读取数据的速度_____。

46）读出 CD-ROM 中的信息，使用的是_____技术。

47）多媒体技术处理的声音主要是人耳可听到的音频信号，其频率范围为 20Hz～

_____kHz。

48）与模拟电视信号经过数字化得到的自然数字视频不同，计算机动画是一种_____的数字视频。

49）CD-ROM 盘片的存储容量大约为 600_____。

50）卫星数字电视和新一代数字视盘 DVD 采用国际标准_____作为数字视频压缩标准。

3. 真题解析

（1）是非题

1）【答案】非

【解析】音乐的取样频率应在 40kHz 以上。

2）【答案】非

【解析】DVD 比 VCD 的存储容量要大得多。DVD 采用 MPEG-2 标准压缩的视频图像，画图品质明显比 VCD 高。

3）【答案】是

【解析】CD 是小型光盘的英文缩写，最早应用于数字音响领域，代表产品就是 CD 唱片。每张 CD 唱片的存储容量是 650MB 左右，可存放 1 小时的立体声高保真音乐。

4）【答案】非

【解析】DVD 的伴音具有 5.1 声道。5.1 声道就是使用 5 个喇叭和 1 个超低音扬声器来实现一种身临其境的音乐播放方式，它是由杜比公司开发的。在 5.1 声道系统中采用左（L）、中（C）、右（R）、左后（LS）、右后（RS）5 个方向输出声音。5 个声道相互独立，其中".1"声道是一个专门设计的超低音声道。

5）【答案】非

【解析】DVD 采用 MPEG-2 标准压缩视频图像。

6）【答案】是

【解析】根据波形声音的码率＝取样频率×量化位数×声道数，影响数字声音码率的因素有 3 个，分别为取样频率、量化位数和声道数。

7）【答案】非

【解析】CD-ROM 只能读出不能写入，所以不会感染病毒。

8）【答案】是

【解析】CD 的容量为 600～700MB。

9）【答案】是

【解析】声音的重建是声音信号数字化的逆过程，它分为 3 个步骤：译码、D/A 转换和插值处理。

10）【答案】非

【解析】波形声音的数码率又称比特率，简称码率，它是指每秒的数据量。

11）【答案】是

【解析】常规模拟电视的数字化就是在传统电视机外加一个数字机顶盒。

12）【答案】是

【解析】流媒体技术就是一种允许在网络上让用户一边下载一边收看（听）音视频媒体

的技术。

13）【答案】是

【解析】声音由振动产生，通过空气传播。声音是一种波，它由许多不同频率的谐波组成，谐波的频率范围称为声音的带宽。

14）【答案】是

【解析】CD 唱片上的音乐是一种全频带高保真数字音乐，其采样率一般为 44.1kHz。

15）【答案】非

【解析】目前 Internet 上视频直播、视频点播等采用的是微软公司的 ASF 文件格式。

16）【答案】非

【解析】CD 最早用来存储高保真数字立体声音乐（称为 CD 唱片）。

17）【答案】非

【解析】传统照相机是曝光技术，数码照相机是 CCD/CMOS 成像技术。

18）【答案】非

【解析】采用 YUV 颜色空间传输彩色电视信号有两个优点：①保持与黑白电视接收机兼容，黑白电视接收机只需要使用 Y 分量就可直接进行图像显示；②可利用人眼对色度信号不太灵敏的视觉特性来节省电视信号的带宽和发射频率。

19）【答案】是

【解析】扩展名为.mid 的文件是计算机合成音乐，扩展名为.wav 的文件是一种常见的声音文件类型。

（2）选择题

20）【答案】A

【解析】为了不产生失真，按照取样定理，取样频率不应低于声音信号最高频率的两倍。因此，语音信号的取样频率一般为 8kHz，音乐信号的取样频率应在 40kHz 以上。

21）【答案】A

【解析】每秒数字语音的数据量为码率，波形声音的码率＝取样频率×量化位数×声道数＝16×16×1＝256（kb/s）。压缩后的码率＝压缩前码率/压缩比＝256/2＝128（kb/s）＝16（kB/s）（8bit＝1B）。

22）【答案】B

【解析】DVD 比 VCD 的存储容量要大得多。单面单层 DVD 能存放约 2 小时的接近于广播级图像质量的整部电影。

23）【答案】D

【解析】服务器必须做到以高于音视频播放的速度从 Internet 上向用户连续地传输数据，达到用户可以边下载边收听（看）的效果。

24）【答案】D

【解析】麦克风的作用是将声波转化为电信号，然后由声卡进行数字化。声卡的主要功能包括波形声音的获取与数字化、声音的重建与播放、MIDI 声音的输入、MIDI 声音的合成与播放。声卡的声源可以是话筒（麦克风）输入，也可以是线路输入（声音来自音响设备或 CD 唱机等）。声卡不仅能获取单声道声音，而且能获得双声道（立体声）声音。

25）【答案】B

【解析】MIDI 文件是计算机合成音乐的交换标准，在计算机中的文件扩展名为.mid。

26）【答案】B

【解析】WAV 是未经压缩的波形声音，音质与 CD 相当，但对存储空间需求太大，不便于交流和传播。

27）【答案】A

【解析】现实世界中的各种声音，如音乐声、风雨声、汽车声等，其带宽范围很大，为 20Hz～20kHz，它们通常称为全频带声音。

28）【答案】C

【解析】MPEG-3 是在制定 MPEG-2 标准之后准备推出的适用于 HDTV（高清晰度电视）的视频、音频压缩标准，但是由于 MPEG-2 标准已经可以满足要求，故 MPEG-3 标准并未正式推出。

29）【答案】C

【解析】MPEG-1 层 3 编码主要用于高质量的数字音乐，如 MP3。

30）【答案】C

【解析】计算机合成语音有多方面的应用。例如，用户利用电话进行信息查询、有声 E-mail 服务、语音学习、语音秘书。

31）【答案】B

【解析】根据码率公式，量化位数越高，声音的保真度越高。

32）【答案】A

【解析】通过扫描仪获取的是数字图像。

33）【答案】A

【解析】根据码率公式，波形声音的码率＝取样频率×量化位数×声道数，未压缩时的码率＝8×8×1＝64（kb/s）。

34）【答案】C

【解析】MPEG-4 的目标是支持在各种网络条件下（包括移动通信）交互式的多媒体应用，主要侧重于对多媒体信息内容的访问。

35）【答案】D

【解析】数字视频的编辑处理通常是在非线性编辑器的软件支持下进行的。编辑时把电视节目素材存入计算机硬盘中，然后根据需要对不同长短、不同顺序的素材进行编辑、剪辑。

36）【答案】A

【解析】所谓流媒体技术就是指把连续的影像和声音信息经过压缩处理后放上网站服务器，由视频服务器向用户计算机顺序或实时地传送各个压缩包，让用户一边下载一边观看、收听，而无须等整个压缩文件下载到自己的计算机后才可以观看的网络传输技术。流媒体技术先在使用者端的计算机上创建一个缓冲区，在播放前预先下一段数据作为缓冲，在网络实际连线速度小于播放所耗的速度时，播放程序就会取用一小段缓冲区内的数据，这样可以避免播放的中断，也使播放品质得以保证，从而可以减轻服务器负担。

37）【答案】A

【解析】PAL 制式彩色电视的 RGB 三原色必须转换成 Y（亮度信号）、U、V（两个色度信号）来表示。当彩色电视信号到达用户的电视接收机之后，再把它从 YUV 表示恢复成 RGB。

（3）填空题

38）【答案】IPTV

【解析】数字电视是传统电视技术和数字技术相结合的产物，Internet 已经成为数字电视传播的新途径，又称 IPTV。

39）【答案】MPEG-1

【解析】MP3 音乐就是一种采用了 MPEG-1 层 3 压缩编码的高质量数字音乐，压缩比 8：1～12：1。

40）【答案】3

【解析】MPEG-1 的声音压缩编码按算法复杂程度分成 3 个层次。

41）【答案】流

【解析】流媒体技术就是一种允许在网络上让用户一边下载一边收看（听）音视频媒体的分发技术。

42）【答案】1

【解析】5.1 或 7.1 多声道全频带声音编码系统中的 ".1" 都是表示 1 个超低音声道。

43）【答案】CD-R

【解析】可记录式光盘（CD-R）是一种可写入后不能修改但允许反复读出的 CD。CD-RW 是一种可以写入信息也可以对写入的信息进行擦除和改写的 CD。

44）【答案】MPEG-1

【解析】Video CD 简称 VCD，是一种将 MPEG-1 音频/视频数据记录在 CD 上的文件系统标准。

45）【答案】快

【解析】DVD 的道间距只有 CD 的一半，信息坑更加密集。

46）【答案】激光

【解析】一种利用激光将信息写入和读出的高密度存储媒体，能独立地在光盘上进行信息读出或写入，称为光盘存储器或光盘驱动器。

47）【答案】20

【解析】人耳可听到的音频信号范围为 20Hz～20kHz。

48）【答案】合成

【解析】计算机动画是一种用计算机制作可供实时演播的一系列连续画面的技术，利用人眼视觉残留效应产生连续运动或变化的效果。与模拟信号数字化得到的数字视频不同，它是一种合成的数字视频。

49）【答案】MB

【解析】CD-ROM 是只读光盘，是一种能够存储大量数据的外部存储媒体，一张压缩光盘的直径大约是 4.5in，厚 1/8in，能容纳约 660MB 的数据。

50）【答案】MPEG-2

【解析】DVD 采用 MPEG-2 标准压缩的视频图像，画图品质明显比 VCD 高。

项目 11　信息系统基础

1. 考点解析

知识点 1　信息系统概念

【实例 1】下列选项中不属于计算机信息系统抽象结构中资源管理层的是_____。

  A．数据库管理系统   B．目录服务系统

  C．内容管理系统   D．实现业务功能的程序

【答案】D

【解析】计算机信息系统中资源管理层包括各种类型的数据信息，以及实现信息采集、存储、传输、存取和管理的各种资源管理系统，主要有数据库管理系统、目录服务系统、内容管理系统等。实现业务功能的程序属于业务逻辑层。

【实例 2】下列关于信息系统的叙述中，错误的是_____。

  A．电话是一种双向的、点对点的、以信息交互为主要目的的系统

  B．网络聊天是一种双向的、以信息交互为目的的系统

  C．广播是一种点到面的、双向信息交互系统

  D．Internet 是一种跨越全球的多功能信息系统

【答案】C

【解析】广播的信息是单向系统。

【实例 3】按照信息系统的定义，下列应用中不属于管理信息系统的是_____。

  A．民航订票系统   B．银行信用卡支付系统

  C．图书馆信息检索系统   D．电子邮件系统

【答案】D

【解析】电子邮件系统的数据不是共享的。

知识点 2　信息系统类型

【实例 4】信息系统一般分为 4 个层次，其最外层向用户提供应用操作界面，即_____。

  A．操作系统和网络层   B．数据管理层

  C．用户接口层   D．应用层

【答案】D

【解析】信息系统一般包括基础设施层、资源管理层、业务逻辑层、应用层。应用层的功能就是通过人机交互方式，以多媒体的形式向用户展示信息处理的结果。

【实例 5】按照企事业单位中服务对象的不同，业务信息处理系统可以分为操作层处理系统、管理层业务处理系统和_____。

  A．知识层业务处理系统   B．决策层业务处理系统

  C．经理层业务处理系统   D．专家层业务处理系统

【答案】A

【解析】按照企事业单位中服务对象的不同，业务信息处理系统可以分为操作层处理系统、管理层业务处理系统和知识层业务处理系统。

【实例 6】在业务处理系统中，主要用于对日常业务工作的数据进行记录、查询和处理的是_____。

  A．辅助技术系统   B．办公信息系统

  C．操作层业务处理系统   D．信息分析系统

【答案】B

【解析】办公信息系统是一种以设备为基础，由办公人员和技术设备共同构成的服务于日常办公事物的信息系统。

【实例 7】图书管理系统中的图书借阅处理属于_____处理系统。

  A．管理层业务   B．知识层业务

  C．操作层业务   D．决策层业务

【答案】C

【解析】借阅涉及业务的处理操作。

知识点 3　信息系统开发

【实例 8】以下各方法中，不属于信息系统开发方法的是_____。

  A．生命周期法   B．原型法

  C．面向对象的方法   D．递归法

【答案】D

【解析】生命周期法、原型法、面向对象的方法都属于信息系统开发方法。

【实例 9】在信息系统的结构化生命周期开发方法中，具体的程序编写和调试属于_____阶段的工作。

  A．系统规划   B．系统分析

  C．系统设计   D．系统实施

【答案】D

【解析】系统实施的工作之一是功能程序设计，按软件结构设计提出的模块功能要求进行程序编码、编译、连接及测试。

知识点 4　典型信息系统

【实例 10】在计算机信息系统中，CAM 是_____的简称。

  A．计算机辅助设计   B．计算机辅助制造

  C．计算机辅助教学   D．计算机辅助规划

【答案】B

【解析】CAD 是计算机辅助设计，CAI 是计算机辅助教学，CAPP 是计算机辅助规划。

【实例 11】制造业典型的管理信息系统有物料需求计划系统（MRP）、制造资源计划系统（MRPⅡ）和企业资源计划（ERP）等信息系统。

【答案】是

【解析】信息技术与企业管理方法、管理手段相结合，产生了各种类型的制造业信息系统。典型的系统有物料需求计划系统（MRP）、制造资源计划系统（MRPⅡ）和企业资源计划（ERP）等信息系统。

【实例 12】在制造业信息系统中，CIMS 是比 MRP 和 MRPⅡ更高层次的信息系统集成。

【答案】是

【解析】如果说 MRP 和 MRPⅡ是企业信息系统的第一次集成，它们已成为计算机集成制造系统的重要组成部分，那么 CIMS 则是企业信息系统的第二次集成。

2．真题训练

（1）是非题

1）需求分析的重点是"数据"和"处理"，通过调研和分析，应获得用户对数据库的基本要求，即信息需求、处理需求、安全与完整性的要求。

2）在信息系统设计中，数据流程图是描述系统业务过程、信息流和数据要求的工具。

3）将需求分析得到的用户需求抽象为全局 E-R 图的过程就是概念结构设计。

4）数据字典是系统中各类数据定义和描述的集合。

5）系统维护过程中，为了适应软硬件环境的变更而对应用程序所做的适当修改称为完善性维护。

6）信息系统的规划和实现一般采用自底向上规划分析、自顶向下设计实现的方法。

7）决策支持系统（DSS）是一种常见的信息分析系统。

8）一个专家系统通常由两部分组成，即知识库和推理程序模块。

9）计算机辅助设计（CAD）只能应用于机械设计方面。

10）信息就是数据，数据就是信息，两者是相同的。

11）办公信息系统又称办公自动化系统，简称 OA。

12）办公自动化的目的是按工作流技术充分利用设备资源和信息资源，提高协同办公工作的效率和质量。

13）信息检索只能检索文字材料。

（2）选择题

14）计算机图书管理系统中的图书借阅处理，属于_____处理系统。
　　A．管理层业务　　　B．知识层业务　　C．操作层业务　　D．决策层业务

15）下列关于计算机信息系统的叙述中，错误的是_____。
　　A．信息系统属于数据密集型应用，数据具有持久性
　　B．信息系统的数据可为多个应用程序所共享
　　C．信息系统是以提供信息服务为主要目的的应用系统
　　D．信息系统涉及的数据量大，必须存放在内存中

16）用于对日常业务工作的数据进行记录、查询和业务处理的信息系统是面向_____的。
　　A．决策层　　　　　B．管理层　　　　C．操作层　　　　D．分析层

17）为提高系统运行的有效性而对系统硬件、软件和文档所做的修改和完善称为_____。
　　A．硬件维护　　　　B．系统维护　　　C．软件维护　　　D．完善维护

18）在系统维护中主要纠正应用软件设计中遗留的各种错误的是_____。
　　A．硬件维护　　　　B．纠正性维护　　C．软件维护　　　D．适应性维护

19）在系统维护中，为了适应硬件环境或软件环境的变更而对应用程序所做的适当修改是_____。
　　A．硬件维护　　　　B．完善性维护　　C．软件维护　　　D．适应性维护

20）在系统维护中，为了提高数据库系统性能或扩充其功能而对系统和应用程序所做的

修改称为_____。

  A．硬件维护   B．纠正性维护 C．软件维护 D．完善性维护

21）常用的信息系统的开发除了结构化生命周期法外还采用_____。

  A．瀑布模型方法   B．原型法   C．面向程序法 D．面向过程法

22）在计算机信息系统中实现各种业务功能、流程、规则、策略等应用业务的一组程序是_____。

  A．资源管理层   B．应用表现层   C．业务逻辑层 D．基础设施层

23）下列关于计算机信息系统的叙述中，正确的是_____。

  A．信息系统属于数据密集型应用，但数据保留时间较短

  B．信息系统的数据不能为多个应用程序共享

  C．信息系统是以提供信息服务为主要目的的应用系统

  D．信息系统涉及的数据量大，必须存放在内存中

24）信息处理系统是综合使用多种信息技术的系统。下列叙述中错误的是_____。

  A．从自动化程度来看，信息处理系统有人工的、半自动的和全自动的

  B．银行以识别与管理货币为主，不必使用先进的信息处理技术

  C．信息处理系统是用于辅助人们进行信息获取、传递、存储、加工处理及控制的系统

  D．现代信息处理系统大多采用数字电子技术

25）电子商务按交易双方分类有多种类型，其中 B-C 是指_____的电子商务。

  A．客户与客户间   B．企业与客户间

  C．企业与企业间   D．企业与政府间

26）下列关于信息系统的叙述中，错误的是_____。

  A．电话是一种双向的、点对点的、以信息交互为主要目的的系统

  B．网络聊天是一种双向的、以信息交互为目的的系统

  C．广播是一种点到多点的双向信息交互系统

  D．Internet 是一种跨越全球的多功能信息系统

27）下列关于信息系统的说法中，错误的是_____。

  A．信息系统是一个人机交互系统

  B．信息系统是以计算机系统为基础的

  C．信息系统的核心是操作系统

  D．应该使用 DBMS 提供的工具维护信息系统

28）银行使用计算机和网络实现个人存款业务的通存通兑，这属于计算机在_____方面的应用。

  A．辅助设计   B．科学计算   C．数据处理 D．自动控制

29）下列信息系统中，属于专家系统的是_____。

  A．办公信息系统   B．信息检索系统

  C．医疗诊断系统   D．电信计费系统

30）在计算机信息处理领域，下列关于数据含义的叙述中，错误的是_____。

  A．数据是对客观事实、概念等的一种表示

B．数据专指数值型数据

C．数据可以是数值型数据和非数值型数据

D．数据可以是数字、文字、图画、声音、图像

31）根据信息处理的深度对信息系统分类，计算机辅助设计（CAD）属于_____。

A．信息检索系统　　　　　　　　B．信息分析系统

C．辅助技术系统　　　　　　　　D．办公信息系统

32）云计算是整合计算资源，并以"即方式"（像电和水一样，实施度量付费）来提供服务的，从服务内容看，它分别提供 IaaS、PaaS 和_____。

A．SaaS　　　　B．DaaD　　　　C．CaaC　　　　D．BaaB

33）常用的数据挖掘方法有联系分析、演变分析、分类和聚类及_____。

A．联系分析　　　B．演变分析　　　C．分类和聚类　　　D．异常分析

34）计算机信息系统是一类数据密集型的应用系统。下列关于其特点的叙述中，错误的是_____。

A．大多数数据需要长期保存

B．计算机系统用内存保留这些数据

C．数据为多个应用程序和多个用户共享

D．数据面向全局应用

35）通常认为大数据是为了更经济地从高频率的、大容量的、不同结构和类型的数据中获取价值而设计的新一代架构和技术，这个说法在一定程度上反映了大数据的特征，人们通常概括为 3V，即更大的容量（volume）、数据的多样性（variety）和_____。

A．数据处理的速度　　　　　　　B．数据处理的位数

C．数据处理的深度　　　　　　　D．数据处理的难度

36）计算机信息系统中的绝大部分数据是持久的，它们不会随着程序运行结束而消失，而需要长期保留在_____中。

A．外存储器　　　B．内存储器　　　C．cache 存储器　　D．主存储器

37）一个典型的远程教育的内容主要包括_____。

A．课程学习　　　B．远程考试　　　C．远程讨论　　　D．以上都是

38）以下所列内容中，_____不是计算机信息系统的特征。

A．以提供信息服务为目的　　　　B．数据密集型系统

C．人机交互的计算机系统　　　　D．计算密集型系统

39）以下列出了计算机信息系统抽象结构层次，其中的数据库管理系统和数据库_____。

A．属于业务逻辑层　　　　　　　B．属于资源管理层

C．属于应用表现层　　　　　　　D．不在以上所列层次中

40）下列关于数字图书馆（D-Lib）的叙述中，错误的是_____。

A．D-Lib 是分布的、可以跨库检索的海量数字化信息资源

B．D-Lib 拥有内容丰富的多媒体数字化信息资源

C．D-Lib 的收藏对象是数字化信息

D．对图书馆的全部收藏实现数字化是建立 D-Lib 的最终目标

（3）填空题

41）在信息系统中，以一定的结构存放在计算机存储介质上的、相互关联的数据的集合称为_____。

42）在计算机信息系统中，CAD 是_____的简称。

43）采用结构化生命周期方法开发信息系统时，经过需求分析阶段后，下一步应进入_____阶段。

44）按照交易的双方分类，电子商务可以分为 4 种类型：①客户与客户间的电子商务（C-C）；②_____（用英文缩写）；③企业与企业间的电子商务（B-B）；④企业与政府间的电子商务（B-G）。

45）计算机信息系统中的绝大部分数据是持久的，它们不会随着程序运行结束而消失，而需要长期保留在_____中。

46）计算机辅助制造的简称是_____。

47）按交易的双方对电子商务进行分类可分为 4 种类型，其中 B-C 是指_____。

48）电子商务主要包括两类商品，一是有形商品的电子订货和付款；二是_____和服务。

49）_____与企业管理方法和管理手段相结合，产生了各种类型的制造业信息系统。

50）计算机_____系统是指企业各类信息系统的集成，也是企业活动全过程中各功能的整合。

3. 真题解析

（1）是非题

1）【答案】是

【解析】需求分析的重点是"数据"和"处理"，通过调研和分析，应获得用户对数据库的基本要求，即信息需求、处理需求、安全与完整性的要求。

2）【答案】是

【解析】数据流程图是使用直观的图形符号描述系统业务过程、信息流和数据要求的工具。

3）【答案】是

【解析】将需求分析得到的用户需求抽象为概念结构设计的过程就是概念结构设计，一般用 E-R 图表示。

4）【答案】是

【解析】数据流程图表达了数据和处理的关系，数据字典则是系统中各类数据定义和描述的集合。

5）【答案】非

【解析】完善性维护是指为了提高数据库系统性能或扩充其功能而对系统和应用程序所做的修改。

6）【答案】非

【解析】信息系统的规划和实现一般采用自顶向下规划分析、自底向上设计实现的方法。

7）【答案】是

【解析】决策支持系统（DSS）是一种常见的信息分析系统，通常用 DSS 表示。

8）【答案】是

【解析】一个专家系统通常由两部分组成，即知识库和推理程序模块。

9）【答案】非

【解析】计算机辅助设计（CAD）可以应用于很多领域。

10）【答案】非

【解析】信息和数据既有区别又有联系。信息一般是指经过加工处理对决策有用的数据。

11）【答案】是

【解析】办公信息系统又称办公自动化系统，简称 OA。

12）【答案】是

【解析】办公自动化的目的是按工作流技术充分利用设备资源和信息资源，提高协同办公工作的效率和质量。

13）【答案】非

【解析】信息检索不局限于检索文字资料，也可检索图像、音频、视频资料。

（2）选择题

14）【答案】C

【解析】操作层业务处理系统是面向操作层用户的，主要用于对日常管理业务的数据的记录、查询和处理。通常，操作层管理业务工作的任务和目标是预先规定并组织好的。例如，图书馆根据有关的规定决定是否同意向一个读者出借书刊。

15）【答案】D

【解析】信息系统涉及的数据量大且大部分数据需长期保存，所以不能存在内存中。

16）【答案】C

【解析】操作层业务处理系统是面向操作层用户的，主要用于对日常管理业务的数据的记录、查询和处理。

17）【答案】B

【解析】为提高系统运行的有效性而对系统硬件、软件和文档所做的修改和完善称为系统维护。

18）【答案】B

【解析】在系统维护中主要纠正应用软件设计中遗留的各种错误的称为纠正性维护。

19）【答案】D

【解析】在系统维护中，为了适应硬件环境或软件环境的变更而对应用程序所做的适当修改称为适应性维护。

20）【答案】D

【解析】在系统维护中，为了提高数据库系统性能或扩充其功能而对系统和应用程序所做的修改称为完善性维护。

21）【答案】B

【解析】常用的信息系统的开发除了结构化生命周期法（也称瀑布模型方法）外还采用原型法、面向对象方法和 CASE 方法。

22）【答案】C

【解析】业务逻辑层是用于实现各种业务功能、流程、规则、策略等应用业务的一组程序代码。

23)【答案】C

【解析】信息系统是以提供信息服务为主要目的的应用系统。

24)【答案】B

【解析】银行除了识别与管理货币外还有很多数据处理，必须使用先进的信息处理技术提高工作效率。

25)【答案】B

【解析】电子商务按交易的双方分类有企业与客户间的电子商务（B-C）、企业与企业间的电子商务（B-B）、客户与客户间的电子商务（C-C）、企业与政府间的电子商务（B-G）。

26)【答案】C

【解析】广播是一种点到多点的单向信息交互系统。

27)【答案】C

【解析】信息系统的核心是数据库技术。

28)【答案】C

【解析】银行存款数据通存通兑通过计算机和网络实现，这是一种数据处理。

29)【答案】C

【解析】专家系统通常由两部分组成，一是知识库，二是推理模块。

30)【答案】B

【解析】数据可以是多种类型的，如数字、文字、图画、声音、图像等，并不专指数值型数据。

31)【答案】C

【解析】计算机集成制造系统分辅助技术系统和管理业务系统两大部分。

32)【答案】A

【解析】从服务内容看，云计算分别提供 IaaS、PaaS、SaaS。

33)【答案】D

【解析】常用的数据挖掘方法有联系分析、演变分析、分类和聚类及异常分析。

34)【答案】B

【解析】信息系统不仅数据量大而且需要长期保存，内存是用来存放已经启动运行的程序和正在处理的数据的，断电以后将会消失。

35)【答案】A

【解析】大数据的特征通常概括为 3V，即更大的容量（volume）、数据的多样性（variety）和数据处理的速度（velocity）。

36)【答案】A

【解析】信息系统不仅数据量大而且需要长期保存，通常这些数据都存放于外存储器。

37)【答案】D

【解析】远程教育是一种新的教育模式，跨越了时间和空间上的限制。

38)【答案】D

【解析】计算机信息系统是指一类以提供信息服务为主要目的的数据密集型、人机交互式的计算机应用系统。

39)【答案】B

【解析】计算机信息系统层次结构：①基础设施层，包括支持计算机信息系统运行的硬件、系统软件和网络；②资源管理层，包括各类数据信息及实现信息采集、存储、传输、存取和管理的各种资源管理系统，主要有数据库管理系统、目录服务系统等；③业务逻辑层，由实现应用部门各种业务功能、流程、规则、策略等的一组信息处理代码（程序）构成；④应用表现层，其功能是通过人机交互方式，以多媒体等丰富的形式向用户展现信息处理的结果，如 Web 浏览器的用户界面和所显示的页面。

40)【答案】D

【解析】数字图书馆是一个收藏、服务和人集成在一起的一个环境，收藏实现数字化不是它的全部。

（3）填空题

41)【答案】数据库

【解析】数据库（物理数据库）是指按一定的数据模型组织并长期存放在外存储器上的可共享的相关数据的集合。

42)【答案】计算机辅助设计

【解析】计算机辅助设计（CAD），计算机辅助制造（CAM），计算机辅助教学（CAI）。

43)【答案】设计

【解析】结构化将信息系统软件的生命周期分为系统规划、系统分析、系统设计、系统实施和系统维护 5 个阶段。

44)【答案】B-C

【解析】电子商务按交易的双方分为：①客户与客户间的电子商务（C-C）；②企业与客户间的电子商务（B-C）；③企业与企业间的电子商务（B-B）；④企业与政府间的电子商务（B-G）。

45)【答案】外存储器

【解析】计算机信息系统中的绝大部分数据是持久的，它们不会随着程序运行结束而消失，而需要长期保留，所以只能存放在计算机外存储器中。

46)【答案】CAM

【解析】CAM 是计算机辅助制造。

47)【答案】企业与客户间的电子商务

【解析】按交易的双方对电子商务进行分类可分为 4 种类型，分别是企业与企业间的电子商务（B-B），企业与客户间的电子商务（B-C），客户与客户间的电子商务（C-C），企业与政府间的电子商务（B-G）。

48)【答案】无形商品

【解析】电子商务主要包括两类商品，一是有形商品的电子订货和付款，二是无形商品和服务。

49)【答案】信息技术

【解析】信息技术与企业管理方法和管理手段相结合，产生了各种类型的制造业信息系统，分为辅助技术系统和管理业务系统两大类。

50)【答案】集成制造

【解析】计算机集成制造系统（CIMS）是指企业各类信息系统的集成，也是企业活动全过程中各功能的整合。

项目 12　数据库理论基础

1. 考点解析

知识点 1　数据库系统特点和组成

【实例 1】在数据库系统中，数据的正确性、合理性及相容性（一致性）称为数据的_____。

  A. 安全性   B. 保密性   C. 完整性   D. 共享性

【答案】C

【解析】在数据库系统中，数据的正确性、合理性及相容性（一致性）称为数据的完整性。

【实例 2】下列任务是数据库管理系统不能完成的是_____。

  A. 查杀数据库中的病毒   B. 修改记录

  C. 查询数据   D. 添加记录

【答案】A

【解析】DBMS 是对数据进行管理的软件系统，可以增加、删除和修改记录，也能通过查询得到需要的数据。查杀病毒是杀病毒软件的功能。

【实例 3】在数据库系统中，数据的独立性包括数据的物理独立性和数据的_____独立性两个方面的内容。

【答案】逻辑

【解析】数据独立性是指建立在数据的逻辑结构和物理结构分离的基础上，用户以简单的逻辑结构操作数据，而无须考虑数据的物理结构，转换工作由数据库管理系统实现。数据独立性分为数据的物理独立性和数据的逻辑独立性。

知识点 2　概念模型和 E-R 图

【实例 4】使用 E-R 图描述实体间的联系，关键是确定_____。

  A. 实体   B. 联系   C. 实体和属性 D. 属性

【答案】C

【解析】E-R 图描述实体间的联系，用实体与属性表示。

【实例 5】E-R 图是表示概念结构的有效工具之一，E-R 图中的菱形框表示_____。

  A. 联系   B. 实体集

  C. 实体集的属性   D. 联系的属性

【答案】A

【解析】在 E-R 图中，矩形表示实体，菱形表示联系，椭圆（或圆形）表示属性。

知识点 3　数据模型

【实例 6】传统的数据库系统不包括_____。

  A. 关系数据库   B. 面向对象数据库

  C. 网状数据库   D. 层次数据库

【答案】B

【解析】面向对象数据模型是继关系数据模型以后的重要数据模型，它于 20 世纪 80 年代被提出并研究。

【实例 7】一般而言，在一个关系数据库系统中，其关系模式是相对稳定的，而关系是动态变化的。

【答案】是

【解析】关系模式反映了二维表的静态结构，相对稳定，而关系是关系模式在某一时刻的状态，反映二维表的内容。由于对关系的操作不断地更新着二维表中的数据，因此关系是随时间动态变化的。

【实例 8】在关系数据模式中，若属性 A 是关系 R 的主键，则 A 不能接受空值或重值，这是由关系数据模型＿＿＿＿＿＿＿规则保证的。

　　　　A．实体完整性　　　　　　　　B．引用完整性

　　　　C．用户自定义完整性　　　　　D．默认

【答案】A

【解析】根据实体的完整性，主键不能为空值或重值。

【实例 9】关系数据库中的关系必须满足其中的每一个属性都是＿＿＿＿＿＿＿的。

　　　　A．互不相关　　　B．不可再分　　　C．长度可变　　　D．互相关联

【答案】B

【解析】关系中每一个属性都应该是"原子数据"。原子数据是指那些不可再分的数据（如整数、字符串等），而不包括组合数据（如集合、数组、记录等）。

知识点 4　SQL 语言

【实例 10】设有学生表 S、课程表 C 和学生选课成绩表 SC，它们的模式结构分别如下：

S（S#，SN，SEX，AGE，DEPT）

C（C#，CN）

SC（S#，C#，GRADE）

其中，S#为学号，SN 为姓名，SEX 为性别，AGE 为年龄，DEPT 为系别，C#为课程号，CN 为课程名，GRADE 为成绩。若要查询学生姓名及其所选课程的课程号和成绩，正确的 SQL 查询语句为＿＿＿＿＿＿＿。

　　　　A．SELECT　S.SN，SC.C#，SC.GRADE　FROM　SC，S　WHERE　S.S#＝SC.S#

　　　　B．SELECT　S.SN，SC.C#，SC.GRADE　FROM　S　　WHERE　S.S#＝S.S#

　　　　C．SELECT　S.SN，SC.C，SC.GRADE　FROM　SC　　WHERE　S.S#＝SC.GRADE

　　　　D．SELECT　S.SN，SC.C#，SC.GRADE　FROM　S，SC

【答案】A

【解析】根据查询语句的一般格式，学生姓名、课程号和成绩可分别由表 S 和表 C 获取，表 S 与表 C 通过 S#字段联系。

【实例 11】以下关于 SQL 视图的描述中，正确的是＿＿＿＿＿＿＿。

　　　　A．视图是一个虚表，并不存储数据

　　　　B．视图同基本表一样以文件形式进行存储

　　　　C．视图只能从基本表导出

　　　　D．对视图的修改与基本表一样，没有限制

【答案】A

【解析】视图可由基本表或其他视图导出。它与基本表不同，视图只是一个虚表，并不存储数据。

【实例 12】用 SQL 语言查询学生表 S 中所有女学生的姓名（已知表 S 中有字段学号为 sno，姓名为 sname，性别为 sex），正确的语句为_____。

  A．SELECT sname FROM S FOR sex＝"女"
  B．SELECT sname FROM S WHERE sex＝"女"
  C．SELECT sname FROM S WHERE sex＝女
  D．SELECT sname FROM S FOR sex＝女

【答案】B

【解析】SQL 查询语句的一般格式：SELECT 字段列表 FROM 表 WHERE 条件。sex 字段的数据类型为字符型，所以条件的正确表达方式为 sex＝"女"。

【实例 13】关系数据库的 SQL 查询操作一般由 3 个基本运算组合而成，这 3 种基本运算不包括_____。

  A．投影   B．连接   C．选择   D．比较

【答案】D

【解析】投影是选取若干字段，选择是选取若干记录，连接是通过共有字段将两个关系连接起来。

【实例 14】已知学生成绩关系表，其模式为 STUDENT（学号，姓名，数学，物理，英语），完成下列查找两门课成绩都在 90 分以上的学生名单的 SQL 语句：SELECT 学号 姓名 FROM STUDENT WHERE 数学>=90_____物理>＝90。

【答案】and

【解析】SQL 查询语句的一般格式：SELECT 字段列表 FROM 表 WHERE 条件。其中，条件可以是复合条件，两个条件同时满足时应该用 and 连接起来。

知识点 5 数据库系统访问

【实例 15】为了防止一个用户的工作影响另一个用户的工作，应采取_____。

  A．完整性控制   B．安全性控制
  C．并发控制   D．访问控制

【答案】C

【解析】并发控制负责协调并发事务的执行，保证数据库的完整性不受破坏，同时避免用户得到不正确的数据，避免发生冲突。

【实例 16】有一个网络数据库应用系统，其中一台计算机 A 存有 DBMS 软件、所有用户数据和应用程序，其余各节点作为终端通过通信线路向 A 发出数据库应用请求，这种方式属于_____。

  A．集中式数据库体系结构   B．客户/服务器体系结构
  C．并行数据库体系结构   D．分布式数据库体系结构

【答案】A

【解析】集中式数据库体系结构：把数据库建立在本单位的主计算机上，并不与其他计算机系统进行数据交互，用户通过本地终端或远程终端访问数据库支持。

客户/服务器体系结构：在网络环境下的共享数据资源的数据库服务器结构。

并行数据库体系结构：把一个单位的数据按其来源和用途，合理分布在系统的多个地理位置不同的计算机上，数据在物理上分布后，由系统统一管理。

分布式数据库体系结构：采用计算机并行系统。

2. 真题训练

（1）是非题

1）数据库在物理设备上的存储结构与存取方法称为数据库的物理结构，它不依赖于选定的计算机系统。

2）关系数据库中的"连接操作"是一个二元操作，它基于非共有属性把多个关系组合起来。

3）数据库管理系统一般都具有数据安全性、完整性、并发控制和故障恢复功能，由此实现对数据的统一管理和控制。

4）在数据库中降低数据存储冗余度，可以节省存储空间，保证数据的一致性。因此，数据库的数据冗余度应该做到零冗余。

5）为了方便用户进行数据库访问，关系数据库系统一般都配置有 SQL 结构化查询语言，供用户使用。

6）在关系数据库中，关系模式的"主键"不允许由该模式中的所有属性组成。

7）数据库管理系统（DBMS）是一种操纵和管理数据库的大型系统软件。

8）一个关系数据库由多张二维表组成。二维表相互之间必定都存在关联。

9）在关系代数中，二维表的每一行称为一个属性，每一列称为一个元组。

10）从用户的观点看，用关系数据模型描述的数据的逻辑结构具有二维表的形式，它由表名、行和列组成。

（2）选择题

11）在关系模式中，对应关系的主键是指_____。
    A. 不能为外键的一组属性　　　　B. 第一个属性或属性组
    C. 能唯一确定元组的一组属性　　D. 可以为空值的一组属性

12）下列关于关系特征的描述中，错误的是_____。
    A. 每个属性对应一个域，不同属性必须给出不同的属性名
    B. 关系中所有属性都是原子数据
    C. 关系中出现相同的元组是允许的
    D. 关系中元组的次序和属性的顺序都是可以交换的

13）某信用卡客户管理系统中，客户模式为：
credit_in（C_no 客户号，C_name 客户姓名，limit 信用额度，Credit_balance 累计消费额），若查询累计消费额大于 4500 的客户姓名及剩余额度，其 SQL 语句应为：
Select C_name, limit - Credit_balance
  From credit_in Where_____;
    A. limit > 4500　　　　　　　　B. Credit_balance > 4500
    C. limit - Credit_balance > 4500　D. Credit_balance - limit > 4500

14）SELECT 查询语句中用于分组的子句是_____。

    A. SELECT   B. FROM   C. WHERE   D. GROUP BY

15）关系操作中的选择运算对应 SELECT 语句中的_____子句。

    A. SELECT   B. FROM   C. WHERE   D. GROUP BY

16）在 SELECT 语句中 FROM 子句用于指定_____。

    A. 条件   B. 二维表   C. 字段   D. 记录

17）关系模型中把实体之间的联系用_____来表示。

    A. 二维表   B. 树   C. 图   D. E-R 图

18）以下关于关系的描述中，错误的是_____。

    A. 关系是元组的集合，元组的个数可以为 0

    B. 关系模式反映了二维表的静态结构，是相对稳定的

    C. 对关系操作的结果仍然是关系

    D. 关系模型的基本结构是二维数组

19）以下所列项的组合中，_____是数据库管理系统具有的功能。

①定义数据库的结构；②提供交互式的查询；③组织与存取数据库中的数据；④为运行程序分配软硬件资源；⑤为开发各种应用程序提供平台；⑥为维护数据库提供工具。

    A. ①②③⑥   B. ①③④⑥   C. ②③④⑤   D. ③④⑤⑥

20）SQL 查询语句形式为"SELECT A FROM R WHERE F"，其中 A、R、F 分别对应_____。

    A. 列名、基本表或视图、条件表达式

    B. 视图属性、基本表、条件表达式

    C. 列名、基本表、关系运算

    D. 属性序列、表的存储文件、条件表达式

21）SQL 的 SELECT 语句中，利用 WHERE 子句能实现关系操作中的_____操作。

    A. 选择   B. 投影   C. 连接   D. 除法

22）在关系数据模型中必须满足每一属性都是_____。

    A. 可以再分的组合项   B. 不可再分的独立项（原子项）

    C. 长度可变的字符项   D. 类型不同的独立项（原子项）

23）下列关于关系数据模型的说法，错误的是_____。

    A. 每个属性对应一个值域，不同属性可有相同的值域

    B. 每个属性都是不可再分的独立项（原子项）

    C. 关系中不允许出现相同的元组

    D. 关系中属性的顺序是不可以交换的

24）以下所列软件产品中，_____不是数据库管理系统。

    A. Access   B. Visual FoxPro

    C. Excel   D. Oracle

25）关系模式 R（学号、姓名、性别、专业）中，_____属性可以设为主键。

    A. 学号   B. 姓名   C. 性别   D. 专业

26）下列关系操作中均为二元关系操作的是_____。

    A. 并、差、交   B. 选择、并、交

C．差、连接、投影　　　　　　　　D．并、选择、连接

27）以下关于 SQL 视图的描述中，错误的是_____。

A．视图可以由基本表或其他视图导出

B．视图只能由用户建立

C．视图是一个虚表

D．视图是由用户模式观察数据库中数据的重要机制

28）在 Access 数据库汇总查询中，下列关于分组的叙述错误的是_____。

A．可按多个字段分组

B．可按单个字段分组

C．可按字段表达式分组

D．可不指定分组，系统根据题目要求自动分组

29）由于数据文件之间缺乏联系，造成每个应用程序都有对应的数据文件，可能同样的数据重复存储在多个文件中，这种现象称为_____。

A．数据的冗余性　　　　　　　　　B．数据的不完整性

C．数据的一致性　　　　　　　　　D．数据联系弱

30）关系 R 和关系 S 具有相同的模式结构，对 R 和 S 进行_____操作后，新关系中每一个元组或者属于 R，或者属于 S，或者 R 和 S 中都有。

A．交　　　　　B．并　　　　　C．差　　　　　D．对 R 进行选择

31）关系 R 和关系 S 具有相同的模式结构且均非空关系，下列对 R 和 S 进行的操作中不会产生空关系的是_____。

A．交　　　　　B．并　　　　　C．差　　　　　D．对 R 进行选择

32）下列软件产品中都属于数据库管理系统软件的是_____。

A．FoxPro、SQL Server、FORTRAN

B．SQL Server、Access、Excel

C．ORACLE、SQL Server、FoxPro

D．Unix、Access、SQL Server

33）信息系统中的 C/S 模式，其中 S 是_____。

A．服务器　　　B．浏览器　　　C．客户机　　　D．SQL

34）信息系统中的 B/S 模式，其中 B 是_____。

A．服务器　　　B．浏览器　　　C．客户机　　　D．SQL

35）信息系统采用 B/S 模式时，其"页面请求"和"页面响应"的"应答"发生在_____之间。

A．浏览器和 Web 服务器　　　　　B．浏览器和数据库服务器

C．Web 服务器和数据库服务器　　D．任意两层

36）在信息系统的 B/S 模式数据库访问方式中，在浏览器和 Web 服务器之间的网络上传输的内容是_____。

A．页面请求和页面响应　　　　　　B．SQL 查询命令和所有二维表

C．SQL 查询命令和查询结果表　　　D．应用程序和所操作的二维表

37）在信息系统的 C/S 模式数据库访问方式中，在客户机和数据库服务器之间的网络上传输的内容是_____。

A．SQL 查询命令和所操作的二维表

B．SQL 查询命令和所有二维表

C．SQL 查询命令和查询结果表

D．应用程序和所操作的二维表

38）ODBC 是_____，用户可以直接将 SQL 语句送给 ODBC。

A．一组对数据库访问的标准　　　　　B．数据库查询语言标准

C．数据库应用开发工具标准　　　　　D．数据库安全标准

39）在数据库系统中，位于用户和数据库之间的一层数据管理软件是_____。

A．DBS　　　　B．DBMS　　　　C．DB　　　　D．CAD

40）信息系统采用的 B/S 模式，实质上是中间增加了_____的 C/S 模式。

A．Web 服务器　　B．浏览器　　C．数据库服务器 D．文件服务器

41）数据库管理系统能对数据库中的数据进行查询、插入、修改和删除等操作，这种功能称为_____。

A．数据库控制功能　　　　　　　　　B．数据库管理功能

C．数据定义功能　　　　　　　　　　D．数据操纵功能

42）所谓"数据库访问"，就是指用户根据使用要求对存储在数据库中的数据进行操作。它要求_____。

A．用户与数据库可以不在同一计算机上而通过网络访问数据库，被查询的数据可以存储在多台计算机的多个不同数据库中

B．用户与数据库必须在同一台计算机上，被查询的数据存储在计算机的多个不同数据库中

C．用户与数据库可以不在同一台计算机上而通过网络访问数据库，但被查询的数据必须存储在同一台计算机的多个不同数据库中

D．用户与数据库必须在同一台计算机上，被查询的数据存储在同一台计算机的指定数据库中

43）SQL 语言提供了 SELECT 语句进行数据库查询，其查询结果总是一个_____。

A．关系　　　　B．记录　　　　C．元组　　　　D．属性

44）在信息系统的 B/S 模式中，ODBC/JDBC 是_____之间的标准接口。

A．Web 服务器与数据库服务器　　　　B．浏览器与数据库服务器

C．浏览器与 Web 服务器　　　　　　D．客户机与 Web 服务器

45）以下关于 SQL 语言的说法中，错误的是_____。

A．SQL 的一个基本表就是一个数据库

B．SQL 语言支持三级体系结构

C．一个基本表可以跨多个存储文件存放

D．SQL 的一个二维表可以是基本表，也可以是视图

46）计算机信息系统中的 B/S 三层模式是指_____。

A．应用层、传输层、网络互连层

B．应用程序层、支持系统层、数据库层

C．浏览器层、Web 服务器层、DB 服务器层

D．客户机层、HTTP 网络层、网页层

（3）填空题

47）数据模型是 DBS 的基础，因此任何一个 DBMS 都是基于某种数据模型的，其分为 3 种：层次模型、网状模型和_____。

48）关系数据模型是用_____表的形式表示实体和实体间联系的数据模型。

49）能唯一确定一个元组的属性或属性的组合是_____。

50）数据库系统的组成有 5 部分：硬件系统、数据库集合、DBMS 及相关软件、数据管理员和_____。

3. 真题解析

（1）是非题

1）【答案】非

【解析】数据库在物理设备上的存储结构与存取方法称为数据库的物理结构，它依赖于选定的计算机系统。

2）【答案】非

【解析】连接操作是一个二元操作，它基于共有属性把两个关系组合起来。

3）【答案】是

【解析】数据库管理系统是一种操纵和管理数据库的大型软件，其任务是统一管理和控制整个数据库的建立、运用和维护，使用户能方便地定义数据和操纵数据，并保证数据的安全性、完整性、多用户对数据的并发使用及发生故障后的数据库恢复。

4）【答案】非

【解析】由于数据库系统从全局分析和描述数据，使得数据可以适应多个用户、多种应用共享数据的需求，所以数据共享性高、冗余度低，但由于有些数据文件之间缺乏联系，不可能做到零冗余。

5）【答案】是

【解析】关系数据库管理系统一般都配置了相应的语言，使用户可以对数据库进行各种关系操作。目前关系数据库配置大都是结构化查询语言（SQL）。

6）【答案】非

【解析】所谓"主键"就是指能够唯一确定二维表中元组的属性或属性组，所以关系模式的"主键"可以由该模式中的所有属性组成。

7）【答案】是

【解析】数据库管理系统是一种系统软件，其任务是统一管理和控制整个数据库的建立、运用和维护，使用户能方便地定义数据和操纵数据，并保证数据的安全性、完整性，多用户对数据的并发使用及发生故障后的数据库恢复。

8）【答案】是

【解析】关系数据库中的数据具有整体结构化的特征，二维表之间存在一定的关联。

9）【答案】非

【解析】在关系代数中，二维表的每一列称为一个属性，每一行称为一个元组。

10）【答案】是

【解析】从用户的观点看，用关系数据模型描述的数据的逻辑结构具有二维表的结构形式，它与人们日常所使用的表格类似，由表名、行和列组成。

（2）选择题

11）【答案】C

【解析】能唯一确定元组的一组属性称为主键。

12）【答案】C

【解析】关系中不允许出现相同的元组（不允许出现重复元组）。

13）【答案】B

【解析】"累计消费额大于4500"作为条件使用，用SQL语句则表示为"Credit_balance > 4500"。

14）【答案】D

【解析】SQL 查询语句的一般格式：SELECT 字段列表 FROM 表 WHERE 条件 [GROUP BY]。其中，"GROUP BY"是用于分组的子句。

15）【答案】C

【解析】SQL 查询语句的一般格式：SELECT 字段列表 FROM 表 WHERE 条件。其中，"WHERE 条件"是选取符合条件的记录。

16）【答案】B

【解析】SQL 查询语句的一般格式：SELECT 字段列表 FROM 表 WHERE 条件。其中，"FROM"用于指定查询的二维表，可以是一个表也可以是多个表。

17）【答案】A

【解析】从用户的观点来看，用关系模型描述的关系数据模式，其逻辑结构具有二维表的结构形式。

18）【答案】D

【解析】关系模型的基本结构是二维表。

19）【答案】A

【解析】数据库管理系统（DBMS）是对数据库进行管理的系统软件，具有定义数据库的结构、提供交互式的查询、组织与存取数据库中的数据、为维护数据库提供工具等功能。

20）【答案】C

【解析】SELECT 语句的一般格式：SELECT 字段列表 FROM 表 WHERE 条件。其中，"条件"通常表示为关系运算。

21）【答案】A

【解析】SELECT 语句的一般格式：SELECT 字段列表 FROM 表 WHERE 条件。其中，"列表字段"指出了目标表的列名，相应于投影操作；"表"指出了查询的基本表，相应于连接操作；"条件"相应于选择。

22）【答案】B

【解析】不可再分是关系数据库的必要条件。

23）【答案】D

【解析】关系中属性的顺序可以任意交换。

24）【答案】C

【解析】Excel 是电子表格。

25）【答案】A

【解析】能够唯一标识二维表中元组的属性或属性组才可以设为主键。

26）【答案】A

【解析】交操作是一个二元操作，它对两个具有相同模式的关系进行操作，产生一个新的关系，新关系中的每一个元组必须是两个原关系中共有的成员；差操作也是一个二元操作，它应用于相同模式的两个关系生成的新关系中的元组是存在于第一个关系，而不存在于第二个关系中的元组；并操作是一个二元操作，它要求参与操作的两个关系具有相同的模式，其作用是将两个关系组合成一个新的关系，新关系中的每一个元组或者属于第一个关系，或者属于第二个关系，或者在两个关系中都有；连接操作是一个二元操作，它基于共有属性把两个关系组合起来。投影和选择都是一元操作。

27）【答案】B

【解析】视图是 DBMS 所提供的一种由用户模式观察数据库中数据的重要机制。视图可以由基本表或其他视图导出，它与基本表不同，视图只是一个虚表，在数据库中不作为一个表实际存储数据。

28）【答案】D

【解析】系统不会自动分组，需要用户指定。

29）【答案】A

【解析】数据库中的数据按应用要求部分数据会有重复。

30）【答案】B

【解析】并操作所形成的新关系中的元组或者属于第一个关系，或者属于第二个关系，或者两个关系中都有。

31）【答案】B

【解析】并操作需要有两个相同模式的关系参与，新关系中的元组来自两个关系。

32）【答案】C

【解析】FORTRAN 是一种主要用于数值计算的面向过程的程序设计语言；Unix 是一种操作系统；Excel 是电子表格软件。

33）【答案】A

【解析】C/S 也称为客户/服务器模式，C 指客户机，S 指服务器。

34）【答案】B

【解析】B/S 也称为浏览器/服务器模式，B 指浏览器，S 指服务器。

35）【答案】A

【解析】B/S 三层模式的第一层是客户层，客户机上有浏览器，中间层是 Web 服务器，专门为浏览器做"收发工作"和本地静态数据的查询，而动态数据则由应用服务器运行动态网页所包括的应用程序而生成，再由 Web 服务器返回给浏览器。

36）【答案】A

【解析】B/S 三层模式的第一层是客户层，客户机上有浏览器，中间层是 Web 服务器，浏览器发出页面请求，委托数据库服务器执行，再由 Web 服务器返回给浏览器。

37）【答案】C

【解析】当应用程序中嵌有数据库查询 SQL 语句时，它就将数据库访问的任务作为一种"查询请求"委托数据库服务器执行，访问数据库的结果（二维表）返回给中间层。

38）【答案】A

【解析】ODBC/JDBC 是中间层（Web 服务器）与数据库服务器层之间的标准接口，通过这个接口可以向数据库服务器提出 SQL 语句描述的查询请求，查询结果返回给中间层。

39)【答案】B

【解析】DBS 是数据库系统；DB 是数据库；CAD 是计算机辅助设计；DBMS 是数据库管理系统，是位于用户和数据库之间的一种数据管理软件。

40)【答案】A

【解析】C/S 模式是由客户机（浏览器）和数据库服务器两层组成的，B/S 模式的三层分别是浏览器、Web 服务器和数据库服务器。

41)【答案】D

【解析】数据库管理系统的数据定义功能是用户通过它可以方便地对数据库中的相关内容进行定义，如对数据库、基本表、视图和索引等进行定义；数据操纵功能是数据库管理系统向用户提供操纵语言，实现对数据库的基本操作，如对数据库中的数据进行查询、插入、修改和删除等操作。

42)【答案】A

【解析】数据库访问的一般情况是，信息系统中的数据库要为许多不同的用户服务，这些用户大多是分散的远程用户，与数据库不在同一台计算机，必须通过网络访问数据库。相关被查询的二维表可能存储在多台计算机的多个不同数据库中。

43)【答案】A

【解析】SELECT 语句的一般格式：SELECT 字段名列表 FROM 表 WHERE 条件。查询结果是一个新的关系。

44)【答案】A

【解析】ODBC/JDBC 是中间层（Web 服务器）与数据库服务器层之间的标准接口，通过这个接口不仅可以向数据库服务器提出访问要求，而且可以互相对话，它可以连接一个数据库服务器，也可以连接多个不同的数据库服务器。

45)【答案】C

【解析】一个数据库中可以有多个二维表，一个二维表只能在一个数据库文件中。

46)【答案】C

【解析】B/S 三层模式的第一层是客户层，客户机上有浏览器，它起着应用表现层的作用。中间层是业务逻辑层，其中的 Web 服务器专门为浏览器做"收发工作"和本地静态数据的查询，而动态数据则由应用服务器运行动态网页所包括的应用程序而生成，再由 Web 服务器返回给浏览器。第三层是数据库服务层，它专门接收使用 SQL 语言描述的查询请求，访问数据库并将查询结果返回给中间层。

（3）填空题

47)【答案】关系模型

【解析】数据模型分为 3 种：层次模型、网状模型和关系模型。

48)【答案】二维

【解析】关系数据模型用二维表的形式来表示实体和实体间的联系。

49)【答案】主键

【解析】能唯一确定一个元组的属性或属性的组合称为主键。

50)【答案】操作人员

【解析】数据库系统的组成有 5 部分：硬件系统、数据库集合、DBMS 及相关软件、数据管理员和操作人员。

附录1 江苏省高校计算机等级考试（一级）考试大纲

一、总体要求

1）掌握计算机信息处理与应用的基础知识。

2）能比较熟练地使用操作系统、网络及 Office 等常用的软件。

二、考试范围

1. 计算机信息处理技术的基础知识

（1）信息技术概况

1）信息与信息处理基本概念。

2）信息化与信息社会的基本含义。

3）数字技术基础：比特、二进制数，不同进制数的表示、转换及其运算，数值信息的表示。

4）微电子技术、集成电路及 IC 的基本知识。

（2）计算机组成原理

1）计算机硬件的组成及其功能；计算机的分类。

2）CPU 的结构；指令与指令系统；指令的执行过程；CPU 的性能指标。

3）PC 的主板、芯片组与 BIOS；内存储器。

4）PC I/O 操作的原理；I/O 总线与 I/O 接口。

5）常用输入设备（键盘、鼠标、扫描仪、数码照相机）的功能、性能指标及基本工作原理。

6）常用输出设备（显示器、打印机）的功能、分类、性能指标及基本工作原理。

7）常用外存储器（硬盘、光盘、U 盘）的功能、分类、性能指标及基本工作原理。

（3）计算机软件

1）计算机软件的概念、分类及特点。

2）操作系统的功能、分类和基本工作原理。

3）常用操作系统及其特点。

4）算法和数据结构的基本概念。

5）程序设计语言的分类和常用程序设计语言；语言处理系统及其工作过程。

（4）计算机网络

1）计算机网络的组成与分类；数据通信的基本概念；多路复用技术与交换技术；常用传输介质。

2）局域网的组成、特点和分类；局域网的基本原理；常用局域网。

3）因特网的组成与接入技术；网络互连协议 TCP/IP 的分层结构、IP 地址与域名系统、IP 数据报与路由器原理。

4）因特网提供的服务；电子邮件、即时通信、文件传输与 WWW 服务的基本原理。

5）网络信息安全的常用技术；计算机病毒防范。

（5）数字媒体及应用

1）西文与汉字的编码；数字文本的制作与编辑；常用文本处理软件。

2）数字图像的获取、表示及常用图像文件格式；数字图像的编辑、处理与应用；计算机图形的概念及其应用。

3）数字声音获取的方法与设备；数字声音的压缩编码；语音合成与音乐合成的基本原理与应用。

4）数字视频获取的方法与设备；数字视频的压缩编码；数字视频的应用。

（6）计算机信息系统与数据库

1）计算机信息系统的特点、结构、主要类型和发展趋势。

2）数据库系统的特点与组成。

3）关系数据库的基本原理及常用关系数据库。

4）信息系统的开发与管理的基本概念，典型信息系统。

2. 常用软件的使用

（1）操作系统的使用

1）Windows 操作系统的安装与维护。

2）PC 硬件和常用软件的安装与调试，网络、辅助存储器、显示器、键盘、打印机等常用外围设备的使用与维护。

3）文件管理及操作。

（2）因特网的应用

1）IE 浏览器：IE 浏览器设置，网页浏览，信息检索，页面下载。

2）文件上传、下载及相关工具软件的使用（WinRAR、迅雷下载、网际快车等）。

3）电子邮件：创建账户和管理账户，书写、收发邮件。

4）常用搜索引擎的使用。

（3）Word 文字处理

1）文字编辑：文字的增、删、改、复制、移动、查找和替换；文本的校对。

2）页面设置：页边距、纸型、纸张来源、版式、文档网格、页码、页眉、页脚。

3）文字段落排版：字体格式、段落格式、首字下沉、边框和底纹、分栏、背景、应用模板。

4）高级排版：绘制图形、图文混排、艺术字、文本框、域、其他对象插入及格式设置。

5）表格处理：表格插入、表格编辑、表格计算。

6）文档创建：文档的创建、保存、打印和保护。

（4）Excel 电子表格

1）电子表格编辑：数据输入、编辑、查找、替换；单元格删除、清除、复制、移动；填充柄的使用。

2）公式、函数应用：公式的使用；相对地址、绝对地址的使用；常用函数（SUM、AVERAGE、MAX、MIN、COUNT、IF）的使用。

3）工作表格式化：设置行高、列宽；行列隐藏与取消；单元格格式设置。

4）图表：图表创建；图表修改；图表移动和删除。

5）数据列表处理：数据列表的编辑、排序、筛选及分类汇总；数据透视表的建立与编辑。

6）工作簿管理及保存：工作表的创建、删除、复制、移动及重命名；工作表及工作簿的保护、保存。

（5）PowerPoint 演示文稿

1）基本操作：利用模板制作演示文稿；幻灯片插入、删除、复制、移动及编辑；插入文本框、图片、SmartArt 图形及其他对象。

2）文稿修饰：文字、段落、对象格式设置；幻灯片的主题、背景设置、母版应用。

3）动画设置：幻灯片中对象的动画设置、幻灯片间切换效果设置。

4）超链接：超链接的插入、删除、编辑。

5）演示文稿放映设置和保存。

（6）综合应用

1）Word 文档与其他格式文档相互转换；嵌入或链接其他应用程序对象。

2）Excel 工作表与其他格式文件相互转换；嵌入或链接其他应用程序对象。

3）PowerPoint 嵌入或链接其他应用程序对象。

三、考试说明

1）软件环境：中文版 Windows XP/Windows 7 操作系统，Microsoft Office 2010 办公软件。

2）考试方式为无纸化网络考试，考试时间为 90 分钟。

3）试卷包含两部分内容。理论部分占 45 分，分单选题、填空题、是非题三种类型。操作题部分占 55 分，为 Word、Excel、PowerPoint 应用操作。

附录 2　全国计算机等级考试（一级 MS Office）
考试大纲

一、基本要求

1）具有微型计算机的基础知识（包括计算机病毒的防治常识）。

2）了解微型计算机系统的组成和各部分的功能。

3）了解操作系统的基本功能和作用，掌握 Windows 的基本操作和应用。

4）了解文字处理的基本知识，熟练掌握文字处理 MS Word 的基本操作和应用，熟练掌握一种汉字（键盘）输入方法。

5）了解电子表格软件的基本知识，掌握电子表格软件 Excel 的基本操作和应用。

6）了解多媒体演示软件的基本知识，掌握演示文稿制作软件 PowerPoint 的基本操作和应用。

7）了解计算机网络的基本概念和因特网（Internet）的初步知识，掌握 IE 浏览器软件和 Outlook Express 软件的基本操作和使用。

二、考试内容

1. 计算机基础知识

1）计算机的发展、类型及其应用领域。

2）计算机中数据的表示、存储与处理。

3）多媒体技术的概念与应用。

4）计算机病毒的概念、特征、分类与防治。

5）计算机网络的概念、组成和分类；计算机与网络信息安全的概念和防控。

6）因特网网络服务的概念、原理和应用。

2. 操作系统的功能和使用

1）计算机软、硬件系统的组成及主要技术指标。

2）操作系统的基本概念、功能、组成及分类。

3）Windows 操作系统的基本概念和常用术语，文件、文件夹、库等。

4）Windows 操作系统的基本操作和应用：

① 桌面外观的设置，基本的网络配置。

② 熟练掌握资源管理器的操作与应用。

③ 掌握文件、磁盘、显示属性的查看、设置等操作。

④ 中文输入法的安装、删除和选用。

⑤ 掌握检索文件、查询程序的方法。

⑥ 了解软、硬件的基本系统工具。

3. 文字处理软件的功能和使用

1）Word 的基本概念，Word 的基本功能和运行环境，Word 的启动和退出。

2）文档的创建、打开、输入、保存等基本操作。

3）文本的选定、插入与删除、复制与移动、查找与替换等基本编辑技术；多窗口和多文档的编辑。

4）字体格式设置、段落格式设置、文档页面设置、文档背景设置和文档分栏等基本排版技术。

5）表格的创建、修改；表格的修饰；表格中数据的输入与编辑；数据的排序和计算。

6）图形和图片的插入；图形的建立和编辑；文本框、艺术字的使用和编辑。

7）文档的保护和打印。

4. 电子表格软件的功能和使用

1）电子表格的基本概念和基本功能，Excel 的基本功能、运行环境、启动和退出。

2）工作簿和工作表的基本概念和基本操作，工作簿和工作表的建立、保存和退出；数据输入和编辑；工作表和单元格的选定、插入、删除、复制、移动；工作表的重命名和工作表窗口的拆分和冻结。

3）工作表的格式化，包括设置单元格格式、设置列宽和行高、设置条件格式、使用样式、自动套用模式和使用模板等。

4）单元格绝对地址和相对地址的概念，工作表中公式的输入和复制，常用函数的使用。

5）图表的建立、编辑和修改以及修饰。

6）数据清单的概念，数据清单的建立，数据清单内容的排序、筛选、分类汇总，数据合并，数据透视表的建立。

7）工作表的页面设置、打印预览和打印，工作表中链接的建立。

8）保护和隐藏工作簿和工作表。

5. PowerPoint 的功能和使用

1）中文 PowerPoint 的功能、运行环境、启动和退出。

2）演示文稿的创建、打开、关闭和保存。

3）演示文稿视图的使用，幻灯片基本操作（版式、插入、移动、复制和删除）。

4）幻灯片基本制作（文本、图片、艺术字、形状、表格等插入及其格式化）。

5）演示文稿主题选用与幻灯片背景设置。

6）演示文稿放映设计（动画设计、放映方式、切换效果）。

7）演示文稿的打包和打印。

6. 因特网（Internet）的初步知识和应用

1）了解计算机网络的基本概念和因特网的基础知识，主要包括网络硬件和软件，TCP/ IP 协议的工作原理，以及网络应用中常见的概念，如域名、IP 地址、DNS 服务等。

2）能够熟练掌握浏览器、电子邮件的使用和操作。

三、考试方式

1）采用无纸化考试，上机操作。考试时间为 90 分钟。

2）软件环境：Windows 7 操作系统，Microsoft Office 2010 办公软件。

3）在指定时间内，完成下列各项操作：

① 选择题（计算机基础知识和网络的基本知识）（20 分）。

② Windows 操作系统的使用（10 分）。

③ Word 操作（25 分）。

④ Excel 操作（20 分）。

⑤ PowerPoint 操作（15 分）。

⑥ 浏览器（IE）的简单使用和电子邮件收发（10 分）。

附录 3 全国计算机等级考试（二级 MS Office）
考试大纲

一、基本要求

1）掌握计算机基础知识及计算机系统组成。

2）了解信息安全的基本知识，掌握计算机病毒及防治的基本概念。

3）掌握多媒体技术的基本概念和基本应用。

4）了解计算机网络的基本概念和基本原理，掌握因特网网络服务和应用。

5）正确采集信息并能在文字处理软件 Word、电子表格软件 Excel、演示文稿制作软件 PowerPoint 中熟练应用。

6）掌握 Word 的操作技能，并熟练应用编制文档。

7）掌握 Excel 的操作技能，并熟练应用进行数据计算及分析。

8）掌握 PowerPoint 的操作技能，并熟练应用制作演示文稿。

二、考试内容

1. 计算机基础知识

1）计算机的发展、类型及其应用领域。

2）计算机软硬件系统的组成及主要技术指标。

3）计算机中数据的表示与存储。

4）多媒体技术的概念与应用。

5）计算机病毒的特征、分类与防治。

6）计算机网络的概念、组成和分类；计算机与网络信息安全的概念和防控。

7）因特网网络服务的概念、原理和应用。

2. Word 的功能和使用

1）Microsoft Office 应用界面使用和功能设置。

2）Word 的基本功能，文档的创建、编辑、保存、打印和保护等基本操作。

3）设置字体和段落格式，应用文档样式和主题，调整页面布局等排版操作。

4）文档中表格的制作与编辑。

5）文档中图形、图像（片）对象的编辑和处理，文本框和文档部件的使用，符号与数学公式的输入与编辑。

6）文档的分栏、分页和分节操作，文档页眉、页脚的设置，文档内容引用操作。

7）文档审阅和修订。

8）利用邮件合并功能批量制作和处理文档。

9）多窗口和多文档的编辑，文档视图的使用。

10）分析图文素材，并根据需求提取相关信息引用到 Word 文档中。

3．Excel 的功能和使用

1）Excel 的基本功能，工作簿和工作表的基本操作，工作视图的控制。
2）工作表数据的输入、编辑和修改。
3）单元格格式化操作、数据格式的设置。
4）工作簿和工作表的保护、共享及修订。
5）单元格的引用、公式和函数的使用。
6）多个工作表的联动操作。
7）迷你图和图表的创建、编辑与修饰。
8）数据的排序、筛选、分类汇总、分组显示和合并计算。
9）数据透视表和数据透视图的使用。
10）数据模拟分析和运算。
11）宏功能的简单使用。
12）获取外部数据并分析处理。
13）分析数据素材，并根据需求提取相关信息引用到 Excel 文档中。

4．PowerPoint 的功能和使用

1）PowerPoint 的基本功能和基本操作，演示文稿的视图模式和使用。
2）演示文稿中幻灯片的主题设置、背景设置、母版制作和使用。
3）幻灯片中文本、图形、SmartArt、图像（片）、图表、音频、视频、艺术字等对象的编辑和应用。
4）幻灯片中对象动画、幻灯片切换效果、链接操作等交互设置。
5）幻灯片放映设置，演示文稿的打包和输出。
6）分析图文素材，并根据需求提取相关信息引用到 PowerPoint 文档中。

三、考试方式

1）采用无纸化考试，上机操作。考试时间为 120 分钟。
2）软件环境：操作系统 Windows 7，Microsoft Office 2010 办公软件。
3）在指定时间内，完成下列各项操作：
① 选择题（计算机基础知识）（20 分）。
② Word 操作（30 分）。
③ Excel 操作（30 分）。
④ PowerPoint 操作（20 分）。

参 考 文 献

江苏省高等学校计算机等级考试命题研究中心. 2010. 江苏省高等学校计算等级考试上机真题：一级计算信息技术. 北京：
  电子工业出版社.

束云刚，袁鸿燕. 2011. 计算机等级考试一级 B 辅导（习题分析）. 北京：科学出版社.

汤发俊，周威. 2012. 计算机应用基础. 北京：科学出版社.

汤发俊，周威. 2012. 计算机应用基础考点与试题解析. 北京：科学出版社.

张福炎，孙志挥. 2011. 大学计算机信息技术教程.5 版. 南京：南京大学出版社.

周威，龚京民. 2009. 计算机应用基础实训教程. 北京：高等教育出版社.